中国学前教育研究会教师发展专委会规划教材
全国高职高专学前教育专业教材

新形态一体化教材

数　学（第二版）

中　册

主　编　杨志敏
副主编　雷淑蓓　黄琳　杨万柱
主　审　谢资清

高等教育出版社·北京

内容提要

本书是中国学前教育研究会教师发展专委会规划教材，全国高专学前教师教育教材，职业教育新形态一体化教材。

本套《数学》分上中下三册，主要内容有：集合，简易逻辑，不等式，函数，幂函数、指数函数与对数函数，三角函数，数列，立体几何初步，平面解析几何初步，概率与统计初步，数集与复数。本书为中册，内容包括三角函数、数列、平面解析几何初步。全书均按自然课时分节、配备练习，方便教师备课及学生自学。每章后有该章的知识结构图、知识回顾与方法总结、拓展与提高、阅读材料等，便于读者学习和提高。

本书内容选取注重基础和应用，贴近学生水平，并在相关章节融入与学前教育相结合的内容，突出学前教育特色。书中的部分知识点和典型例题配有讲解视频，学生可以通过扫书中二维码及时获取。

本书可作为初中起点的本科、高专、成人教育、中职学校学前教育专业教材，也可供学前教育工作者和幼儿园教师参考。

图书在版编目（CIP）数据

数学．中册/杨志敏主编．--2版．--北京：高等教育出版社，2018.8

ISBN 978-7-04-049980-3

Ⅰ．①数…　Ⅱ．①杨…　Ⅲ．①数学-高等职业教育-教材　Ⅳ．①O1

中国版本图书馆CIP数据核字（2018）第130181号

策划编辑　崔梅萍　　责任编辑　崔梅萍　　封面设计　李小璐　　版式设计　杜微言
插图绘制　于　博　　责任校对　刘　莉　　责任印制　田　甜

出版发行	高等教育出版社	网　　址	http://www.hep.edu.cn
社　　址	北京市西城区德外大街4号		http://www.hep.com.cn
邮政编码	100120	网上订购	http://www.hepmall.com.cn
印　　刷	北京宏伟双华印刷有限公司		http://www.hepmall.com
开　　本	787mm×1092mm　1/16		http://www.hepmall.cn
印　　张	6.75	版　　次	2012年9月第1版
字　　数	140千字		2018年8月第2版
购书热线	010-58581118	印　　次	2018年8月第1次印刷
咨询电话	400-810-0598	定　　价	14.40元

本书如有缺页、倒页、脱页等质量问题，请到所购图书销售部门联系调换

物 料 号　49980-00

全国高职高专学前教育专业《数学（第二版）》教材编写委员会

主　编：杨志敏

副主编：雷淑蓓　黄　琳　杨万柱

编　者（以姓氏拼音为序）：

毕彩云　费　强　黄晓惠　孙　颖

于　倩　赵玉洁　詹云蕾　钟雄伟

编写说明

全国高职高专学前教育专业教材由庞丽娟教授担任指导委员会主任，中国学前教育研究会教师发展专委会规划，全国高职高专学前教育专业教材编写委员会组织研究编写。

第一版教材从2010年开始编写，历时5年，于2014年全部出版。包括三年制高专、五年制高专和三年制中专三大系列。全国30多所幼儿师范高等专科学校和幼儿师范学校的300多位教师参加，30多位本科院校和科研院所专家担任主审。

第二版教材编写主要是贯彻教育部《3—6岁儿童学习与发展指南》《幼儿园教师专业标准（试行）》《教师教育课程标准（试行）》《中小学和幼儿园教师资格考试标准（试行）》和《普通高等学校师范类专业认证实施办法（暂行）》等文件精神，吸纳学前教师教育学科的新成果，改革课程设置、调整教学内容，进一步提高教材的科学性、时代性和丰富性，以适应学前教师教育发展的迫切需要。本轮编写（修订）从2016年开始，主要针对三年制高专、五年制高专两大系列，全国40多所幼儿师范高等专科学校和幼儿师范学校的300多位教师参加，来自26所本科院校和科研院所的专家学者担任主审。

为确保教材的编写（修订）质量，全体编者严格按照"研制人才培养方案→确定册本→研制大纲→确定体例和样章→讨论初稿→统稿→审稿"的程序，完善了五年制高专和三年制高专学前教育专业通识课程、教育类课程的课程设置，确定了各课程知识点，对综合素质课、教育类课程、艺术类课程的学时进行了科学安排。

第二版全国高职高专学前教育专业教材包括三年制高专系列共32种39册（综合素质课4种6册、艺术类12种14册、教育类16种19册），五年制高专系列共40种58册（综合素质课12种23册、艺术类12种16册、教育类16种19册）。

高等教育出版社出版文化课和公共课教材，包括五年制高专《数学（上册、中册、下册）》《历史》《地理》《物理》《化学》《生物》《体育》；三年制高专《大学体育》《美术基础》；五年制高专和三年制高专共用《信息技术》《幼儿教师口语》《美术》《幼儿美术赏析与创作》。

语文出版社出版语文课教材，包括五年制高专《语文（一、二、三、四）》；五年制高专和三年制高专共用《大学语文（上、下）》《幼儿文学（上、下）》。

北京师范大学出版社出版教育类教材，包括五年制高专和三年制高专共用

《学前儿童卫生保健》《学前儿童心理发展概论》《幼儿教育概论》《幼儿教师职业道德修养与专业发展》《幼儿园课程》《幼儿游戏与玩具》《幼儿健康教育与活动指导》《幼儿语言教育与活动指导》《幼儿社会教育与活动指导》《幼儿科学教育与活动指导（上、下）》《幼儿艺术教育与活动指导（上、下）》《幼儿园班级管理》《学前教育研究基础》《幼儿园教育技术》。

上海音乐学院出版社出版音乐舞蹈类教材，包括五年制高专《钢琴（一、二、三）》《声乐（上、下）》《舞蹈》；三年制高专《钢琴基础（上、下）》《声乐基层》《舞蹈基础》；五年制高专和三年制高专共用《基本乐理》《视唱练耳（上、下）》《音乐赏析》《幼儿歌曲赏析与创编》《儿童歌曲钢琴即兴伴奏》《幼儿歌曲弹唱》《幼儿舞蹈赏析与创编》。

上海外语教育出版社出版英语类教材，包括五年制高专《英语（一、二、三、四）》；五年制高专和三年制高专共用《英语（五、六）》。

彭世华、李家黎、喻韬文参与了前期策划、总体规划和编写组织工作。

编委会将认真开展教学研究，不断征求教材使用意见，定期开展教材修订工作。为服务教师教学与学生学习，编委会组织研发《学前教师教育课程试题库》《幼儿园教师资格证考试复习试题库》和在线课程，详见“幼学汇”网站学前教师教育栏目。

全国高职高专学前教育专业教材编写委员会

2018 年 6 月

第二版前言

本教材适合各类初中起点的不同学制的学前教育专业学生使用，目的是通过对初等数学基础知识的学习，满足每个学生作为公民的基本数学需要，也为学生今后从事幼儿园数学教学提供必要的数学知识储备，同时为一部分学生继续深造奠定基础。

为适应幼儿师范学校特定的教学对象、专业目标、学制、学时要求，针对学生中普遍存在的数学难学、难懂、难考的畏难情绪，本书各章均有“本章学习提示”及“本章学习目标”，便于学生抓住重点、突破难点；内容的深度、广度注意适应学生的入学水平和接受能力；重视数学思想、方法的渗透，淡化解题技巧的训练；注重知识的产生过程，使学生“研究性”地学习相关知识，培养学生的创新能力，在实现培养目标的同时，落实素质教育的要求。教材的编写始终以先进的哲学思想和科学世界观、方法论为指导，内容具有高度的思想性、科学性、系统性；章节编排及文字叙述注重启发性、探究性、适用性，使学生获得知识的同时受到爱国主义教育和严谨的科学态度、方法等方面的训练，激励学生发奋自强，勇于创新。本书强调、突出学前教育专业特色，注重基础和应用，系统阐述了中等数学的基本概念和基本理论、方法，并在相关章节融入了数学与学前教育相结合的内容。

全书均按自然课时分节、配备练习，各章节的重难点均配备了数字媒体（微课）的讲解片断，每章均配备阅读材料，作为教材的引申和补充，方便教师备课及学生自学。每章末都有该章的知识结构图、知识回顾与方法总结、拓展与提高的例题及练习题，为学生的发展提供一定的空间，也为教师的教学留有一定余地。

本书主编是郑州幼儿师范高等专科学校的杨志敏老师，副主编是广西幼儿师范高等专科学校的雷淑蓓老师、长沙师范学院的黄琳老师、聊城幼儿师范学校的杨万柱老师。全书由杨志敏老师统稿、定稿。

参加本书编写的老师及具体分工如下：杨志敏编写第一章、第二章、第三章、第八章；费强（合肥幼儿师范高等专科学校）编写第四章、第五章；雷淑蓓编写第六章、第七章；孙颖（天津师范大学学前教育学院）编写第九章；黄琳编写第十章、第十一章。

参加微课制作的老师及具体分工如下：钟雄伟（湖南幼儿师范高等专科学校）制作了第一章和第二章的微课；詹云蕾（聊城幼儿师范学校）制作了第三

章和第十章第二、四节的微课；毕彩云（聊城幼儿师范学校）制作了第四章和第十章第一节的微课；于倩（聊城幼儿师范学校）制作了第五章、第七章和第八章第二、八节的微课；黄晓惠（聊城幼儿师范学校）制作了第六章和第八章第七、九节的微课；赵玉洁（安阳幼儿师范高等专科学校）制作了第九章和第十一章的微课。杨万柱全程参与了微课部分的设计。

对本教材编写过程中给予我们诸多支持、帮助的各位领导、专家、老师以及出版社的各位工作人员表示深深的感谢！

由于编者水平有限，加之编写时间紧迫，书中不当、疏漏甚至错误之处在所难免，恳请各位专家、同行和读者赐教，给予批评指正。

杨志敏

2018 年 5 月

目　录

第六章　三角函数

【本章学习提示】

在我们周围运动着的世界里，存在着许多周期性的现象．三角函数就是描述周期运动的数学模型，它具有良好的性质，因而被广泛应用到各个方面．

在本章，我们将用集合与函数的知识较系统地学习任意角的三角函数，掌握三角函数求值的方法，以及一些基本的三角函数式的变形方法，并在此基础上学习正弦函数和余弦函数的图像和性质，学习已知三角函数值求角的方法．此外，我们还要体会化归思想的意义．这些知识在今后的学习中起着重要的作用．

【本章学习目标】

- 了解角的概念的推广．
- 理解弧度制的意义及其换算．
- 理解任意角的正弦函数、余弦函数、正切函数的概念．
- 理解同角三角函数基本关系式及其应用．
- 了解诱导公式的意义及其应用．
- 理解正弦函数的图像和性质，了解余弦函数的图像和性质．
- 了解已知三角函数值求角的方法．
- 体验数学思想——化归思想．

第一节　角的概念的推广　弧度制

角的概念的推广

1. 角的形成

让我们一起回忆角是怎么形成的．角可以看成是由一条射线绕着它的端点旋转而成的．如图 6.1.1，一条射线由原来的位置 OA，绕着它的端点 O 按逆时针方向旋转到另一位置 OB，就形成角 α．旋转开始时的射线 OA 叫做角 α 的**始边**，旋转终止时的射线 OB 叫做角 α 的**终边**，射线的端点 O 叫做角 α 的**顶点**．

2. 角的概念的推广

在初中，我们所知道的角是 $0°\sim360°$ 范围的角．但是，在日常生活中，在生产和科学实验中，还经常会遇到大于 360°的角. 如自行车的车轮按逆时针旋转一周的过程中，形成了 0°到 360°之间的角，如图 6.1.2（1）；车轮继续旋转第二周的过程中，又形成了 360°到 720°的所有的角；这样旋转下去，可以形成更大的角，如图 6.1.2（2）.

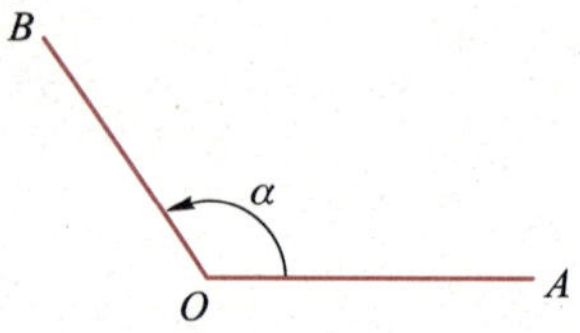

图 6.1.1

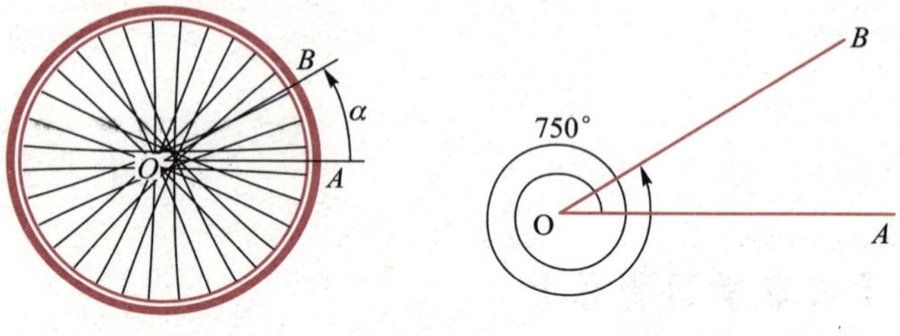

(1)　(2)

图 6.1.2

我们把按逆时针方向旋转所形成的角叫**正角**，按顺时针方向旋转所形成的角叫做**负角**. 如图 6.1.3 中，以 OA 为始边的角 $\beta=-150°$，$\gamma=-660°$.

特别地，当一条射线没有作任何旋转时，我们认为这时也形成了一个角，并把这个角叫做**零角**.

角的概念经这样推广以后，应包括任意大小的正角、负角和零角.

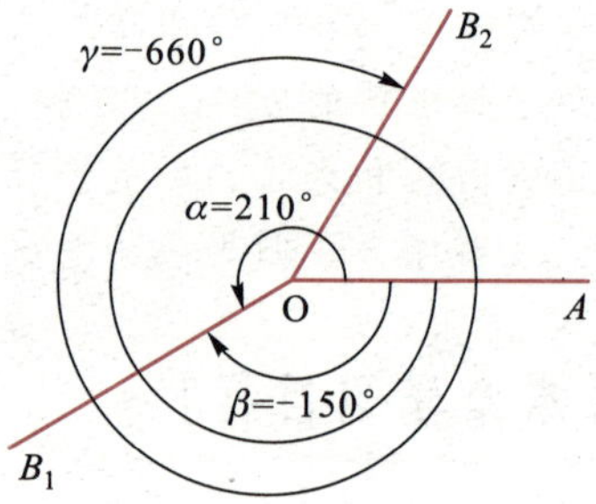

图 6.1.3

3. 角的象限

本章中我们都是在直角坐标系内讨论角. 使角的顶点与原点重合，角的始边在 x 轴的正半轴上，那么，角的终边在第几象限，就说这个角是**第几象限的角**（或说这个角属于第几象限）. 如图 6.1.4（1）中的 30°，390°，-330°的角都是第一象限的角；图 6.1.4（2）中的 300°，-60°的角都是第四象限的角；585°的角是第三象限的角. 如果角的终边在坐标轴上，就认为这个角不属于任何象限.

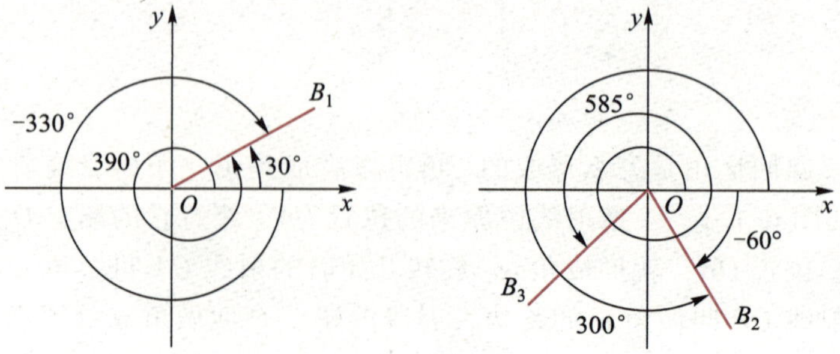

(1)　(2)

图 6.1.4

4. 终边相同的角

从图 6.1.4（1）中看到，390°，−330°的角都与 30°的角的终边相同. 390°，−330°可以分别写成

$$30°+360°,\ 30-360°.$$

显然，除了这两个角以外，与 30°的角终边相同的角还有：

$$30°+2\times360°,\ 30°-2\times360°;$$
$$30°+3\times360°,\ 30°-3\times360°;$$
$$\cdots\cdots\qquad\cdots\cdots$$

终边相同的角

所有与 30°的角终边相同的角，连同 30°的角在内，可以用下式来表示：

$$30°+k\cdot360°,\ k\in\mathbf{Z}.$$

当 $k=0$ 时，它表示 30°的角；$k=1$ 时，它表示 390°的角；$k=-1$ 时，它表示 −330°的角，等等.

一般地，**所有与角 α 终边相同的角，连同角 α 在内，可以用式子 $\alpha+k\times360°$，$k\in\mathbf{Z}$ 来表示. 反之亦然.**

由此可见，在直角坐标系中，与任意角 α 终边相同的角有无限多个，这个角的集合可以记作

$$\{\beta\mid\beta=\alpha+k\cdot360°,\ k\in\mathbf{Z}\}.$$

例 1　在 0°到 360°间，找出与下列各角终边相同的角，并判定下列各角是哪个象限的角.（本书规定，在 0°到 360°间的角，是指 $0°\leqslant\alpha<360°$.）

（1）390°；　　（2）−150°；　　（3）−750°.

解：（1）∵　$390°=360°+30°$

∴　390°的角与30°的角终边相同，它是第一象限的角；

（2）∵　$-150°=-360°+210°$

∴　−150°的角与 210°的角终边相同，它是第三象限的角；

（3）∵　$-750°=-3\times360°+330°$

∴ −750°的角与 330°的角终边相同，它是第四象限的角.

例 2　写出与下列各角终边相同的角的集合 S：

（1）30°；　　（2）−60°；　　（3）378°.

解：（1）$S=\{\beta\mid\beta=30°+k\cdot360°,\ k\in\mathbf{Z}\}$；

（2）$S=\{\beta\mid\beta=-60°+k\cdot360°,\ k\in\mathbf{Z}\}$；

（3）$S=\{\beta\mid\beta=378°+k\cdot360°,\ k\in\mathbf{Z}\}$.

注意

与任意角终边相同的角的集合，它的表示方式不是唯一的. 如例 2(3) 中的 S，还可以写成

$$S=\{\beta\mid\beta=18°+k\cdot360°,\ k\in\mathbf{Z}\}$$

等等.

练习 6.1.1

1. （口答）锐角是第几象限的角？第一象限的角是否都是锐角？再就钝角、直角回答这两个问题.

2. 在 0°到 360°间，找出与下列各角终边相同的角，并判定下列各角是哪个象限的角.

（1）400°； （2）−45°； （3）−450°.

3. 写出与下列各角终边相同的角的集合 S：

（1）45°； （2）−70°； （3）380°.

4. （1）写出终边在 x 轴上的角的集合；

（2）写出终边在 y 轴上的角的集合.

5. 弧度制的概念

我们知道，周角的$\frac{1}{360}$为 1 度的角. 这种用度作为单位来度量角的单位制叫做角度制.

下面再介绍在数学和其他许多科学研究中还要经常用到的另一种度量角的单位制——弧度制，它的单位符号是 rad，读作弧度.

把长度等于半径的圆弧所对的圆心角叫做 1 弧度的角. 如图 6.1.5，$\overset{\frown}{AB}$的长等于半径 r，$\overset{\frown}{AB}$所对的圆心角 $\angle AOB$ 就是 1 弧度的角. 在图 6.1.6 中，圆心角 $\angle AOC$ 所对的$\overset{\frown}{AC}$的长 $l=2r$，那么 $\angle AOC$ 的弧度数就是

$$\frac{l}{r}=\frac{2r}{r}=2.$$

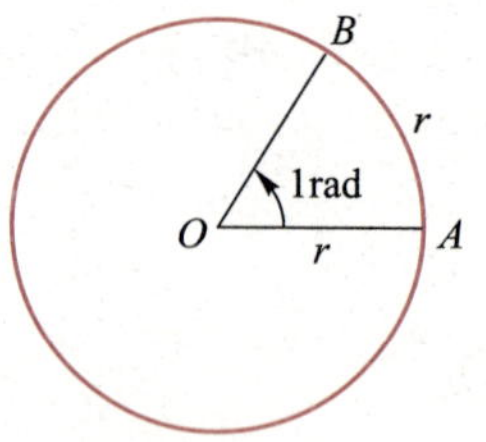

图 6.1.5

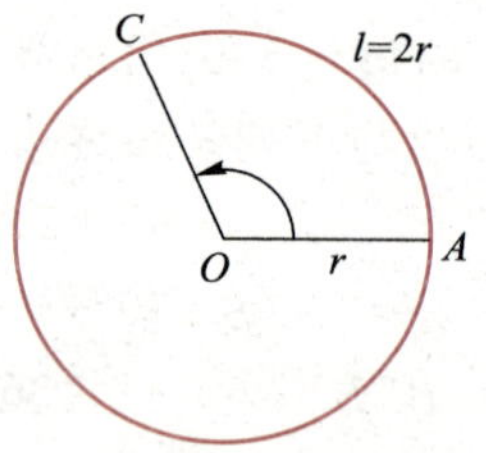

图 6.1.6

如果圆心角所对的弧的长 $l=2\pi r$（即弧是一个整圆），那么这个圆心角的弧度数是

$$\frac{l}{r}=\frac{2\pi r}{r}=2\pi.$$

一般地，**正角的弧度数为正数，负角的弧度数为负数，零角的弧度数为 0.**

任一已知角 α 的弧度数的绝对值

$$|\alpha|=\frac{l}{r},$$

其中 l 为把角 α 当做圆心角时所对的弧的长，r 为圆半径．这种用“弧度”作为单位来度量角的单位制叫做**弧度制**．

6. 弧度制的换算

根据弧度制的概念，我们知道

$$360°=2\pi\ \text{rad}$$
$$180°=\pi\ \text{rad}$$

由此得到

$$1°=\frac{\pi}{180}\text{rad},$$

$$1\text{rad}=\left(\frac{180}{\pi}\right)^{\circ}.$$

下面是一些特殊角的度数与弧度数的对应表：

度	0°	30°	45°	60°	90°	180°	270°	360°
弧度	0	$\frac{\pi}{6}$	$\frac{\pi}{4}$	$\frac{\pi}{3}$	$\frac{\pi}{2}$	π	$\frac{3\pi}{2}$	2π

用弧度制来度量角，实际上也是在角的集合与实数集 **R** 之间建立了一种一一对应关系：每一个角都有唯一的一个实数（即这个角的弧度数）与它对应；反过来，每一个实数也都有唯一的一个角（角的弧度数等于这个实数）与它对应，如图 6.1.7 所示．

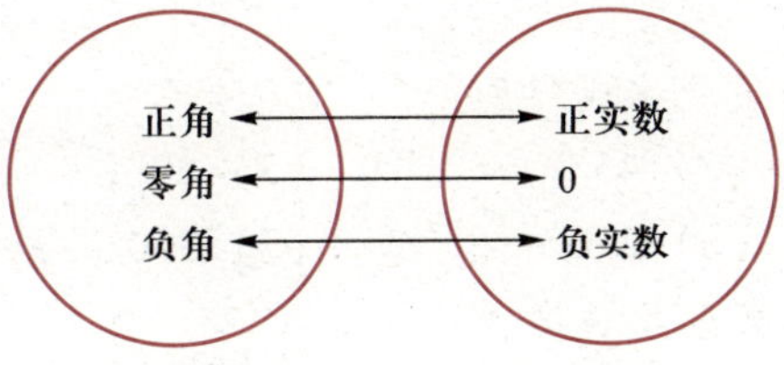

图 6.1.7

今后我们用弧度制表示角的时候，“弧度”二字或 rad 通常略去不写，而只写这个角所对应的弧度数．例如，角 $\alpha=2$ 就表示 α 是 2rad 的角，$\sin\frac{\pi}{3}$ 就表示 $\frac{\pi}{3}$rad 的角的正弦，即 $\sin\frac{\pi}{3}=\sin 60°=\frac{\sqrt{3}}{2}$.

例 3　把下列角度化成弧度：

（1）15°；　　（2）300°；　　（3）−75°.

解：（1）$15° = 15 \times \frac{\pi}{180} = \frac{\pi}{12}$；

（2）$300° = 300 \times \frac{\pi}{180} = \frac{5\pi}{3}$；

（3）$-75° = -75 \times \frac{\pi}{180} = -\frac{5\pi}{12}$.

例 4 把下列弧度化成度：

（1）$-\frac{4\pi}{3}$；　　（2）$\frac{5\pi}{2}$；　　（3）$\frac{15}{4}\pi$.

解：（1）$-\frac{4\pi}{3} = -\frac{4}{3} \times 180° = -240°$；

（2）$\frac{5\pi}{2} = \frac{5}{2} \times 180° = 450°$；

（3）$\frac{15}{4}\pi = \frac{15}{4} \times 180° = 675°$.

例 5 将下列各角化成 $\alpha + 2k\pi$（$0 \leqslant \alpha < 2\pi$，$k \in \mathbf{Z}$）的形式：

（1）$\frac{19}{3}\pi$；　　（2）$-315°$.

解：（1）$\frac{19}{3}\pi = \frac{\pi}{3} + 6\pi \quad \left(\alpha = \frac{\pi}{3},\ k = 3\right)$；

（2）$-315° = 45° - 360° = \frac{\pi}{4} - 2\pi \quad \left(\alpha = \frac{\pi}{4},\ k = -1\right)$.

练习 6.1.2

1.（口答）把下列角度化成弧度：

（1）$30°$；　（2）$45°$；　（3）$60°$；　（4）$90°$；

（5）$180°$；　（6）$270°$；　（7）$360°$.

2.（口答）把下列弧度化成度：

（1）$\frac{\pi}{6}$；　（2）$\frac{\pi}{4}$；　（3）$\frac{\pi}{3}$；　（4）$\frac{\pi}{2}$；

（5）π；　（6）$\frac{3\pi}{2}$；　（7）2π.

3. 把下列角度化成弧度：

（1）$135°$；　（2）$-210°$；　（3）$300°$.

4. 把下列弧度化成度：

（1）$\frac{\pi}{12}$；　（2）$-\frac{5}{6}\pi$；　（3）$\frac{7\pi}{4}$.

5. 将下列各角化成 $\alpha + 2k\pi$（$0 \leqslant \alpha < 2\pi$，$k \in \mathbf{Z}$）的形式，并指出它是第几象

限的角：

（1）$\frac{25}{3}\pi$；　　　　（2）$-1\ 500°$.

6. 填表：

角 \ 锐角三角函数	正弦	余弦	正切	余切
$\frac{\pi}{6}$				
$\frac{\pi}{4}$				
$\frac{\pi}{3}$				

第二节　任意角的三角函数

1. 三角函数的概念

在初中，我们已经接触过锐角三角函数，它们都是以角为自变量，以比值为函数值的函数，当时是对0°~90°范围内的角研究的. 下面将锐角三角函数推广到任意角的情形.

设 α 是一个任意大小的角. 角 α 的终边上任意一点 P 的坐标是（x，y），它与原点的距离是 r（$r>0$）（图 6.2.1），那么角 α 的正弦、余弦、正切分别是

$$\sin\alpha=\frac{y}{r},\quad \cos\alpha=\frac{x}{r},\quad \tan\alpha=\frac{y}{x}$$

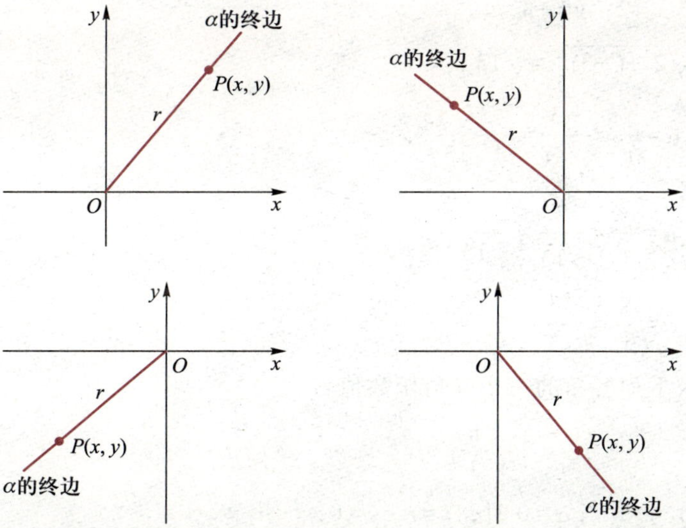

图 6.2.1

对于确定的角 α，这四个比值的大小与 P 点在角 α 的终边上的位置没有关系．当角 α 的终边在 y 轴上时，$\alpha=\frac{\pi}{2}+k\pi$（或 $\alpha=90°+k\times180°$），$k\in\mathbf{Z}$，$\tan\alpha=\frac{y}{x}$没有意义（$\because x=0$）．此外，对于确定的角 α，上面三个比值都各是一个确定的实数．这就是说，正弦、余弦、正切分别可看成从一个角的集合到一个比值的集合的映射，它们都是以角为自变量，以比值为函数值的函数，这些函数都叫做三角函数．

由于角的集合与实数集之间可以建立一一对应关系，三角函数可以看成是以实数为自变量的函数．例如，当采用弧度制来度量角时，对于每一个实数，对应着一个确定的角（其弧度数等于这个实数），而这个确定的角又对应着它的三角函数值（所取的实数应使相应的三角函数有意义），从而这个实数就对应着它的三角函数值．

当自变量是用弧度制来度量角所对应的实数 α 时，三角函数的定义域如下表：

三角函数	定义域
$\sin\alpha$	$\mathbf{R}$
$\cos\alpha$	$\mathbf{R}$
$\tan\alpha$	$\left\{\alpha \mid \alpha\neq\frac{\pi}{2}+k\pi,\ k\in\mathbf{Z}\right\}$

例 1　已知角 α 的终边经过点 $P(2,-3)$，求 α 的正弦、余弦、正切的值．

解：$\because$　$x=2$，$y=-3$，

$\therefore$　$r=\sqrt{2^2+(-3)^2}=\sqrt{13}$，

$\therefore$　$\sin\alpha=\frac{y}{r}=\frac{-3}{\sqrt{13}}=-\frac{3\sqrt{13}}{13}$，

$\cos\alpha=\frac{x}{r}=\frac{2}{\sqrt{13}}=\frac{2\sqrt{13}}{13}$，

$\tan\alpha=\frac{y}{x}=-\frac{3}{2}$．

例 2　求下列各角的三个三角函数值：

（1）0；　（2）$\frac{\pi}{2}$；　（3）π．

解：（1）$\because$　当 $\alpha=0$ 时，$x=r$，$y=0$，

$\therefore$　$\sin 0=0$，$\cos 0=1$，$\tan 0=0$．

（2）∵　当 $\alpha=\frac{\pi}{2}$时，$x=0$，$y=r$，

∴　$\sin\frac{\pi}{2}=1$，$\cos\frac{\pi}{2}=0$，$\tan\frac{\pi}{2}$不存在.

（3）∵　当 $\alpha=\pi$ 时，$x=-r$，$y=0$，

∴　$\sin\pi=0$，$\cos\pi=-1$，$\tan\pi=0$.

2. 三角函数值的符号

由三角函数的定义和各象限内点的坐标的符号知道：

正弦值$\left(\frac{y}{r}\right)$对于第一、二象限的角是正的（$y>0$，$r>0$），而对于第三、四象限的角是负的（$y<0$，$r>0$）；

余弦值$\left(\frac{x}{r}\right)$对于第一、四象限的角是正的（$x>0$，$r>0$），而对于第二、三象限的角是负的（$x<0$，$r>0$）；

正切值$\left(\frac{y}{x}\right)$对于第一、三象限的角是正的（x，y 同号），而对于第二、四象限的角是负的（x，y 异号）；

三角函数值在每个象限的符号如图 6.2.2 所示.

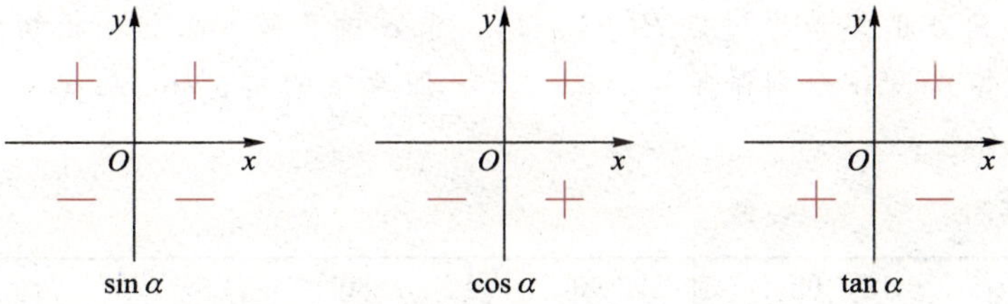

图 6.2.2

例 3　确定下列三角函数值的符号：

（1）$\sin 240°$；　　（2）$\cos\left(-\frac{\pi}{4}\right)$；　　（3）$\tan\frac{11\pi}{3}$.

解：（1）因为 240°是第三象限的角，所以 $\sin 240°<0$；

（2）因为$-\frac{\pi}{4}$是第四象限的角，所以 $\cos\left(-\frac{\pi}{4}\right)>0$；

（3）因为 $\tan\frac{11\pi}{3}=\tan\left(2\pi+\frac{5\pi}{3}\right)=\tan\frac{5\pi}{3}$，而$\frac{5\pi}{3}$是第四象限的角，所以 $\tan\frac{11\pi}{3}<0$.

3. 终边相同的角的同一三角函数的值

根据三角函数的定义还可以知道，**终边相同的角的同一三角函数的值相等**.由此得到一组公式：

$$\begin{aligned}&\sin(\alpha+k\cdot 360^\circ)=\sin\alpha\\&\cos(\alpha+k\cdot 360^\circ)=\cos\alpha\\&\tan(\alpha+k\cdot 360^\circ)=\tan\alpha\\&\qquad\qquad(k\in\mathbf{Z})\end{aligned}\qquad（公式一）$$

利用公式一可以把求任意角的三角函数值的问题，转化为求 0° 到 360°（0 到 2π）间角的三角函数值的问题.

例 4　求下列三角函数值：

（1）$\sin 405^\circ$；　（2）$\cos\dfrac{13\pi}{3}$；　（3）$\tan(-300^\circ)$.

解：（1）$\sin 405^\circ=\sin(360^\circ+45^\circ)=\sin 45^\circ=\dfrac{\sqrt{2}}{2}$；

（2）$\cos\dfrac{13\pi}{3}=\cos\left(4\pi+\dfrac{\pi}{3}\right)=\cos\dfrac{\pi}{3}=\dfrac{1}{2}$；

（3）$\tan(-300^\circ)=\tan(-360^\circ+60^\circ)=\tan 60^\circ=\sqrt{3}$.

练习 6.2

1. 已知角 α 的终边经过点 $P(-1,\ 2)$，求 α 的正弦、余弦、正切的值.

2. （口答）设 α 分别是第一、二、三、四象限的角，$\sin\alpha$，$\cos\alpha$，$\tan\alpha$ 的符号分别是什么？

3. 填表：

α	0°	90°	180°	270°	360°
角 α 的弧度数					
$\sin\alpha$					
$\cos\alpha$					
$\tan\alpha$					

4. 确定下列三角函数值的符号：

（1）$\sin 230^\circ$；　（2）$\cos(-80^\circ)$；　（3）$\tan\left(-\dfrac{4\pi}{3}\right)$.

5. 求下列三角函数值：

（1）$\tan\dfrac{19\pi}{3}$；　（2）$\sin 1\,110^\circ$；　（3）$\cos\left(-\dfrac{31\pi}{4}\right)$.

第三节　同角三角函数的基本关系式

根据三角函数的定义，可以得到同角三角函数的下列基本关系式：

$$\sin^2\alpha+\cos^2\alpha=\left(\frac{y}{r}\right)^2+\left(\frac{x}{r}\right)^2=\frac{y^2+x^2}{r^2}=\frac{r^2}{r^2}=1,$$

$$\tan\alpha=\frac{y}{x}=\frac{\frac{y}{r}}{\frac{x}{r}}=\frac{\sin\alpha}{\cos\alpha}.$$

以上关系式可归纳如下：

平方关系：$\sin^2\alpha+\cos^2\alpha=1$

商数关系：$\frac{\sin\alpha}{\cos\alpha}=\tan\alpha$

上面这些关系式都是恒等式，即当 α 取使关系式的两边都有意义的任意值时，关系式两边的值都相等. 以后所说的恒等式，都是指这个意义下的恒等式. 利用这些关系式，可以根据一个角的某一个三角函数值，求出这个角的其他三角函数值，还可化简三角函数式，证明其他一些三角恒等式，等等.

例 1　已知 $\cos\alpha=-\frac{3}{5}$，并且 α 是第二象限的角，求 α 的正弦、正切的值.

解：由 $\sin^2\alpha+\cos^2\alpha=1$，可得

$$\sin\alpha=\pm\sqrt{1-\cos^2\alpha}.$$

$\because$　α 是第二象限的角，$\sin\alpha>0$，

$\therefore$　$\sin\alpha=\sqrt{1-\cos^2\alpha}=\sqrt{1-\left(-\frac{3}{5}\right)^2}=\frac{4}{5}$，

$$\tan\alpha=\frac{\sin\alpha}{\cos\alpha}=\frac{\frac{4}{5}}{-\frac{3}{5}}=-\frac{4}{3}.$$

例 2　已知 $\sin\alpha=\frac{15}{17}$，求 α 的余弦、正切的值.

解：因为 $\sin\alpha>0$，且 $\sin\alpha\neq1$，所以 α 是第一或第二象限的角.

（1）当 α 是第一象限的角时，

$$\cos\alpha=\sqrt{1-\sin^2\alpha}=\sqrt{1-\left(\frac{15}{17}\right)^2}=\frac{8}{17},$$

$$\tan\alpha=\frac{\sin\alpha}{\cos\alpha}=\frac{15}{17}\div\frac{8}{17}=\frac{15}{8}.$$

（2）当 α 是第二象限的角时，

$$\cos\alpha=-\frac{8}{17},\ \tan\alpha=-\frac{15}{8}.$$

例 3　化简：$\cos\alpha\tan\alpha$.

解：$\cos\alpha\tan\alpha=\cos\alpha\dfrac{\sin\alpha}{\cos\alpha}=\sin\alpha$.

例 4 求证$\dfrac{\tan^2\alpha-\sin^2\alpha}{\tan^2\alpha}=\sin^2\alpha$.

证明：

$$\begin{aligned}\text{左边}&=1-\frac{\sin^2\alpha}{\tan^2\alpha}\\&=1-\frac{\sin^2\alpha}{\dfrac{\sin^2\alpha}{\cos^2\alpha}}\\&=1-\cos^2\alpha\\&=\sin^2\alpha\\&=\text{右边}.\end{aligned}$$

∴ 等式成立.

练习 6.3

1. 已知 $\sin\alpha=-\dfrac{1}{2}$，并且 α 是第四象限的角，求 α 的余弦、正切的值.

2. 已知 $\tan\alpha=\dfrac{\sqrt{3}}{3}$，并且 α 是第三象限的角，求 α 的正弦、余弦的值.

3. 已知 $\cos\alpha=\dfrac{\sqrt{3}}{2}$，求 α 的正弦、正切的值.

4. 化简下列式子：

（1）$(1+\tan^2\alpha)\cos^2\alpha$；

（2）$\sin^4\alpha+\sin^2\alpha\cos^2\alpha+\cos^2\alpha$.

5. 证明下列恒等式：

（1）$\sin^4\alpha-\cos^4\alpha=\sin^2\alpha-\cos^2\alpha$；

（2）$\tan^2\theta-\sin^2\theta=\tan^2\theta\cdot\sin^2\theta$.

第四节 三角函数的诱导公式

我们知道，0°~90°间的角的三角函数值都可以直接从三角函数表查得. 利用 6.2 的公式一，可以把任意角的三角函数值转化为求周内角的三角函数值. 因此，如果能够把求在 90°~360°间的角的三角函数值转化为求在 0°~90°间的角的三角函数值，那么，求任意角的三角函数值的问题就都能解决了.

显然有：

当 $\beta\in[90°, 180°)$ 时，存在 $\alpha_1\in[0°, 90°]$，使得 $\beta=180°-\alpha_1$；

当 $\beta\in[180°, 270°)$ 时，存在 $\alpha_2\in[0°, 90°]$，使得 $\beta=180°+\alpha_2$；

当 $\beta\in[270°, 360°)$ 时，存在 $\alpha_3\in[0°, 90°]$，使得 $\beta=360°-\alpha_3$.

当 α 属于正弦、余弦及正切函数定义域的任意角时，下列关系式（公式二、公式三、公式四、公式五）均成立，证明从略.

$$\begin{array}{|l|}\hline \sin(180°-\alpha)=\sin\alpha \\ \cos(180°-\alpha)=-\cos\alpha \\ \tan(180°-\alpha)=-\tan\alpha \\ \hline\end{array}\qquad \text{（公式二）}$$

$$\begin{array}{|l|}\hline \sin(-\alpha)=-\sin\alpha \\ \cos(-\alpha)=\cos\alpha \\ \tan(-\alpha)=-\tan\alpha \\ \hline\end{array}\qquad \text{（公式三）}$$

$$\begin{array}{|l|}\hline \sin(180°+\alpha)=-\sin\alpha \\ \cos(180°+\alpha)=-\cos\alpha \\ \tan(180°+\alpha)=\tan\alpha \\ \hline\end{array}\qquad \text{（公式四）}$$

$$\begin{array}{|l|}\hline \sin(360°-\alpha)=-\sin\alpha \\ \cos(360°-\alpha)=\cos\alpha \\ \tan(360°-\alpha)=-\tan\alpha \\ \hline\end{array}\qquad \text{（公式五）}$$

这五组公式都叫做诱导公式. 所有这五组公式，可以概括如下：

$k\cdot 360°+\alpha$（$k\in\mathbf{Z}$），$-\alpha$，$180°\pm\alpha$，$360°-\alpha$ 的三角函数值，等于 α 的同名函数值，并在前面分别放上把 α 看成锐角时原函数值的符号.

有了这几组公式，我们就可以解决本节开始时所提出的问题了. 即求任意角的三角函数值，一般地可以按以下步骤进行：

（1）当已知角为负角时，可以利用公式三，把求这个角的三角函数值化为求正角的三角函数值；

（2）当已知角大于 360°时，可以利用公式一，把求这个角的三角函数值化为求周内角的三角函数值；

（3）当已知角是在 90°～360°时，可以利用公式二、四、五，把求这个角的三角函数值化为求 0°～90°的角的三角函数值.

这样，求任意角的三角函数值的问题，就都可以由查三角函数表得到解决.

例 1　求下列各三角函数值：

（1）$\cos 225°$；　　　（2）$\tan\dfrac{4}{3}\pi$.

解：（1）$\cos 225°=\cos(180°+45°)=-\cos 45°=-\dfrac{\sqrt{2}}{2}$；

（2）$\tan\dfrac{4}{3}\pi=\tan\left(\pi+\dfrac{\pi}{3}\right)=\tan\dfrac{\pi}{3}=\sqrt{3}$.

例 2　求下列各三角函数值：

（1）$\sin\left(-\dfrac{\pi}{3}\right)$；　　（2）$\tan(-210°)$.

解：（1）$\sin\left(-\dfrac{\pi}{3}\right)=-\sin\dfrac{\pi}{3}=-\dfrac{\sqrt{3}}{2}$；

（2）$\tan(-210°)=-\tan 210°=-\tan(180°+30°)=-\tan 30°=-\dfrac{\sqrt{3}}{3}$.

例 3　求下列各三角函数值：

（1）$\tan\dfrac{3}{4}\pi$；　　（2）$\sin\dfrac{11}{6}\pi$.

解：（1）$\tan\dfrac{3}{4}\pi=\tan\left(\pi-\dfrac{\pi}{4}\right)=-\tan\dfrac{\pi}{4}=-1$；

（2）$\sin\dfrac{11}{6}\pi=\sin\left(2\pi-\dfrac{\pi}{6}\right)=-\sin\dfrac{\pi}{6}=\dfrac{-1}{2}$.

例 4　求下列各三角函数值：

（1）$\tan(-1\ 665°)$；　　（2）$\sin\left(-\dfrac{17}{3}\pi\right)$.

解：（1）
$$\begin{aligned}\tan(-1\ 665°)&=-\tan 1\ 665°\\&=-\tan(4\times360°+225°)\\&=-\tan 225°\\&=-\tan(180°+45°)\\&=-\tan 45°\\&=-1;\end{aligned}$$

（2）
$$\begin{aligned}\sin\left(-\frac{17}{3}\pi\right)&=-\sin\frac{17}{3}\pi=-\sin\left(2\times2\pi+\frac{5\pi}{3}\right)\\&=-\sin\frac{5\pi}{3}=-\sin\left(2\pi-\frac{\pi}{3}\right)\\&=\sin\frac{\pi}{3}=\frac{\sqrt{3}}{2}.\end{aligned}$$

例 5　化简 $\sin(\alpha+180°)\cos(-\alpha)\sin(-\alpha-180°)$.

解：
$$\begin{aligned}&\sin(\alpha+180°)\cos(-\alpha)\sin(-\alpha-180°)\\&=(-\sin\alpha)\cos\alpha[-\sin(\alpha+180°)]\\&=-\sin\alpha\cos\alpha\sin\alpha\\&=-\sin^2\alpha\cos\alpha.\end{aligned}$$

练习 6.4

1. 求下列各三角函数值：

（1）$\tan 210°$；　　（2）$\cos\dfrac{7\pi}{6}$；

（3）$\sin 225°$.

2. 求下列各三角函数值：

（1）$\tan\left(-\dfrac{\pi}{3}\right)$；　　（2）$\cos(-210°)$.

3. 求下列各三角函数值：

（1）$\tan\dfrac{11}{6}\pi$；　　（2）$\cos\dfrac{3}{4}\pi$；

（3）$\sin 120°$.

4. 下列各三角函数值：

（1）$\sin(-1\ 230°)$；　　（2）$\cos 780°$；

（3）$\tan\dfrac{79}{6}\pi$.

5. 化简：$\sin^3(-\alpha)\cos(2\pi+\alpha)\tan(-\alpha-\pi)$.

第五节　三角函数的图像和性质

正弦、余弦函数的图像

一、正弦函数、余弦函数的图像

我们用描点法画正弦函数 $y=\sin x$，$x\in\mathbf{R}$ 的图像. 角 x 用弧度来表示，x 轴上的 1 个单位长度表示 1 弧度.

先给出自变量 x 从 0 到 2π 的一些值，得出与它们对应的 y 的值，列成下表：

x	0	$\frac{\pi}{6}$	$\frac{\pi}{3}$	$\frac{\pi}{2}$	$\frac{2\pi}{3}$	$\frac{5\pi}{6}$	π	$\frac{7\pi}{6}$	$\frac{4\pi}{3}$	$\frac{3\pi}{2}$	$\frac{5\pi}{3}$	$\frac{11\pi}{6}$	2π
y	0	$\frac{1}{2}$	$\frac{\sqrt{3}}{2}$	1	$\frac{\sqrt{3}}{2}$	$\frac{1}{2}$	0	$-\frac{1}{2}$	$-\frac{\sqrt{3}}{2}$	-1	$-\frac{\sqrt{3}}{2}$	$-\frac{1}{2}$	0

把表中的每一组对应值作为点的坐标，描出各点，再用光滑的曲线把它们顺次联结起来，就得到函数 $y=\sin x$，$x\in[0,\ 2\pi]$ 的图像（图 6.5.1）.

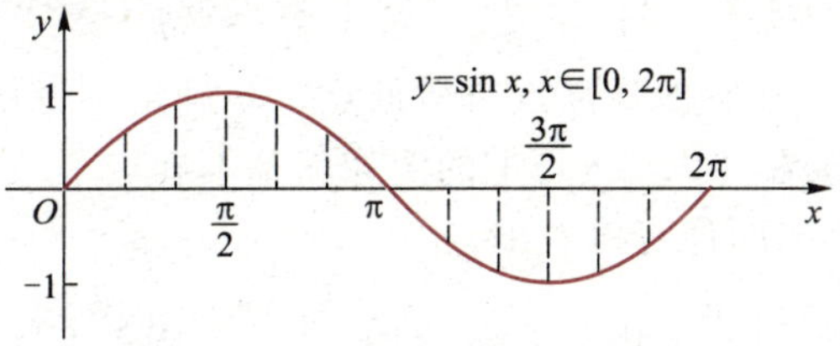

图 6.5.1

因为终边相同的角的三角函数值相等，所以，函数 $y=\sin x$，$x\in[2\pi,\ 4\pi]$，$x\in[4\pi,\ 6\pi]$，…，$x\in[-2\pi,\ 0]$，$x\in[-4\pi,\ -2\pi]$，…的图像，与函数 $y=\sin x$，$x\in[0,\ 2\pi]$ 的图像完全一样. 我们把 $y=\sin x$，$x\in[0,\ 2\pi]$ 的图像向左

或向右平行移动（每次 2π 个单位长度），就可以得到 $y=\sin x$，$x\in\mathbf{R}$ 的图像（图 6.5.2（1））.

下面我们看余弦函数图像的一种画法，先设法找到函数 $y=\cos x$，$x\in\mathbf{R}$ 与正弦函数的关系. 从图 6.5.3 可以看出，不论 x 是哪个象限的角，都有

$$\sin\left(x+\frac{\pi}{2}\right)=\cos x.$$

由此可以看出，余弦函数 $y=\cos x$，$x\in\mathbf{R}$ 与函数

$$y=\sin\left(x+\frac{\pi}{2}\right),\quad x\in\mathbf{R}$$

是同一个函数；余弦函数的图像可以通过将正弦函数的图像向左平行移动 $\frac{\pi}{2}$ 个单位长度而得到. 于是我们得到余弦函数 $y=\cos x$，$x\in\mathbf{R}$ 的图像（图 6.5.2（2））.

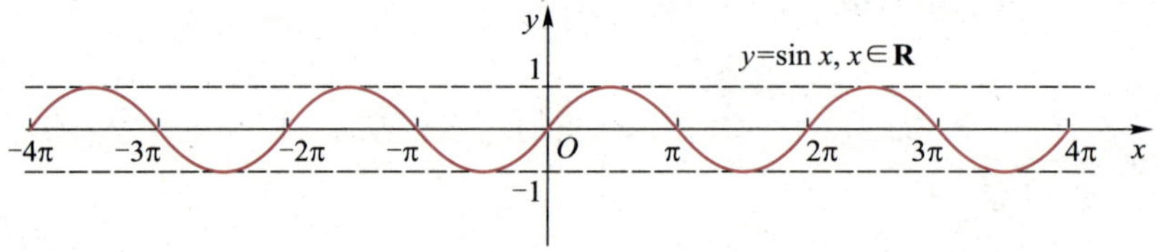

(1)

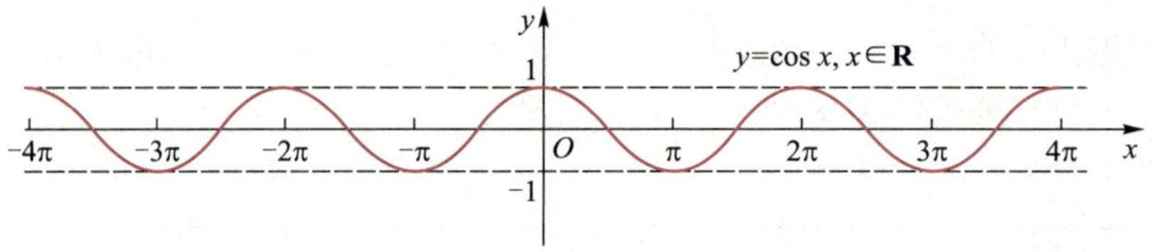

(2)

图 6.5.2

正弦函数 $y=\sin x$，$x\in\mathbf{R}$ 的图像叫做正弦曲线，余弦函数 $y=\cos x$，$x\in\mathbf{R}$ 的图像叫做余弦曲线.

从图 6.5.1 可以看出，有五个点

$$(0,\ 0),\ \left(\frac{\pi}{2},\ 1\right),\ (\pi,\ 0),\ \left(\frac{3\pi}{2},\ -1\right),\ (2\pi,\ 0),$$

即正弦曲线与 x 轴交点和它的最高点与最低点，是确定图像的关键. 这五点作出后，正弦函数 $y=\sin x$ 在 $[0,\ 2\pi]$ 上的图像就基本确定了.

从图 6.5.2（2）的图像可以看出，

$$(0,\ 1),\ \left(\frac{\pi}{2},\ 0\right),\ (\pi,\ -1),\ \left(\frac{3\pi}{2},\ 0\right),\ (2\pi,\ 1)$$

五个点作出后，余弦函数 $y=\cos x$ 在区间 $[0,\ 2\pi]$ 上的图像就基本确定了.

因此，在精确度要求不高时，我们只要作出这关键的五个点，再把它们用光滑曲线联结起来，就得到正弦函数或余弦函数的图像.

例 1 作出下列函数图像：

（1）$y=1+\sin x$，$x\in[0, 2\pi]$；

（2）$y=-\cos x$，$x\in[0, 2\pi]$.

解：（1）列表：

x	0	$\frac{\pi}{2}$	π	$\frac{3\pi}{2}$	2π
$\sin x$	0	1	0	-1	0
$1+\sin x$	1	2	1	0	1

描点画图：

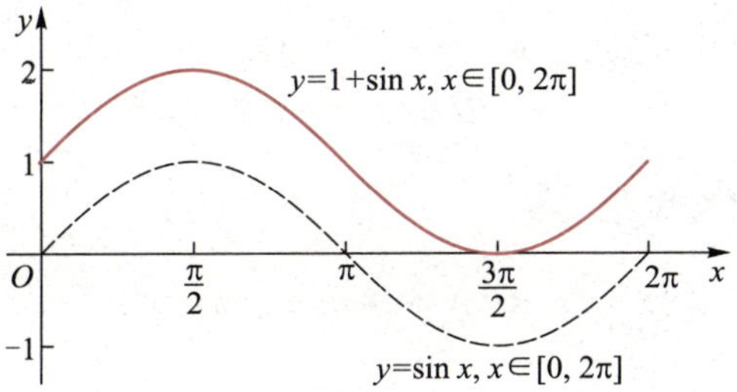

图 6.5.3

从图 6.5.3 可以看出：$y=1+\sin x$ 的图像可由 $y=\sin x$ 的图像向上平移一个单位得到.

（2）列表：

x	0	$\frac{\pi}{2}$	π	$\frac{3\pi}{2}$	2π
$\cos x$	1	0	-1	0	1
$-\cos x$	-1	0	1	0	-1

描点画图：

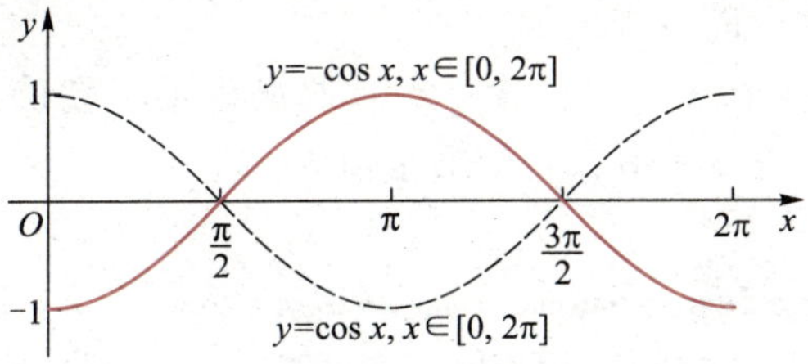

图 6.5.4

从图 6.5.4 可以看出：$y=-\cos x$ 的图像与 $y=\cos x$ 的图像关于 x 轴对称.

二、正弦函数、余弦函数的性质

下面来研究正弦函数 $y=\sin x$ 和余弦函数 $y=\cos x$ 的主要性质.

正弦、余弦函数的性质

1. 定义域

函数 $y=\sin x$ 及 $y=\cos x$ 的定义域都是 $(-\infty, +\infty)$，也就是 $\mathbf{R}$.

例 2 求下列函数的定义域：

(1) $y=\dfrac{1}{\sin x}$； (2) $y=\dfrac{1}{1+\cos x}$.

解：(1) 由 $\sin x\neq 0$ 可知，

$$x\neq k\pi,\ k\in\mathbf{Z},$$

所以，$y=\dfrac{1}{\sin x}$的定义域是

$$\{x\mid x\in\mathbf{R},\ x\neq k\pi\ (k\in\mathbf{Z})\}.$$

(2) 由 $1+\cos x\neq 0$ 可知，$\cos x\neq -1$，因此

$$x\neq 2k\pi+\pi,\ k\in\mathbf{Z},$$

所以，$y=\dfrac{1}{1+\cos x}$的定义域是

$$\{x\mid x\in\mathbf{R},\ x\neq 2k\pi+\pi\ (k\in\mathbf{Z})\}.$$

2. 值域

因为角的终边上任何一点的纵坐标、横坐标的绝对值都小于或等于这点与原点的距离，所以$|\sin x|\leqslant 1$，$|\cos x|\leqslant 1$，即$-1\leqslant\sin x\leqslant 1$，$-1\leqslant\cos x\leqslant 1$.

函数 $y=\sin x$，$x\in\mathbf{R}$ 及 $y=\cos x$，$x\in\mathbf{R}$ 的值域都是 $[-1, 1]$.

函数 $y=\sin x$ 在 $x=\dfrac{\pi}{2}+2k\pi$，$k\in\mathbf{Z}$ 时取得最大值 $y=1$；在 $x=-\dfrac{\pi}{2}+2k\pi$，$k\in\mathbf{Z}$ 时取得最小值 $y=-1$.

函数 $y=\cos x$ 在 $x=2k\pi$，$k\in\mathbf{Z}$ 时取得最大值 $y=1$；在 $x=(2k+1)\pi$，$k\in\mathbf{Z}$ 时取得最小值$y=-1$.

例 3 当 x 取什么值时，函数 $y=\cos x-1$ 取最大值和最小值？并求出它的最大值和最小值.

解：根据余弦函数的性质，$y=\cos x$ 在 $x=2k\pi$，$k\in\mathbf{Z}$ 时取最大值，在 $x=(2k+1)\pi$，$k\in\mathbf{Z}$ 时取得最小值.

所以，$y=\cos x-1$ 在 $x=2k\pi$，$k\in\mathbf{Z}$ 时取最大值，它的最大值为 0；在 $x=(2k+1)\pi$，$k\in\mathbf{Z}$ 时取得最小值，它的最小值为-2.

3. 周期性

由诱导公式 $\sin(x+2k\pi)=\sin x$，$\cos(x+2k\pi)=\cos x\,(k\in\mathbf{Z})$ 知道，正弦函数值、余弦函数值是按照一定的规律不断重复出现的，这是正弦函数和余弦函数的重要性质.

一般地，对于函数 $y=f(x)$，如果存在一个不为零的常数 T，使得当 x 取定义域内的每一个值时，

$$f(x+T)=f(x)$$

都成立，那么函数 $y=f(x)$ 叫做**周期函数**，不为零的常数 T 叫做这个函数的**周期**.

例如，对于正弦函数 $y=\sin x$，$x\in\mathbf{R}$ 来说，2π，4π，…，-2π，-4π，…都是它的周期. 一般地，$2k\pi(k\in\mathbf{Z}, k\neq 0)$ 都是它的周期.

对于一个周期函数 $f(x)$ 来说，如果在所有的周期中存在着一个最小的正数，就把这个最小的正数叫做 $f(x)$ 的最小正周期.

例如，2π 是正弦函数 $y=\sin x$，$x\in\mathbf{R}$ 的所有周期中的最小正数，因而 2π 是这个函数的最小正周期.

正弦函数 $y=\sin x$，$x\in\mathbf{R}$ 和余弦函数 $y=\cos x$，$x\in\mathbf{R}$ 都是周期函数，$2k\pi(k\in\mathbf{Z}, k\neq 0)$ 都是它们的周期，最小正周期是 2π.

今后我们谈到三角函数的周期时，一般指的是三角函数的最小正周期.

例 4　求下列函数的周期：

（1）$y=\sin 3x$；　　　　（2）$y=2\cos\dfrac{x}{2}$.

解：（1）正弦函数的周期是 2π，所以，对于一切 x，都有

$$\sin 3x=\sin(3x+2\pi)=\sin 3\left(x+\frac{2\pi}{3}\right)$$

即当自变量 x 变成 $x+\dfrac{2\pi}{3}$ 时，函数值不变，所以，$y=\sin 3x$ 的周期 $T=\dfrac{2\pi}{3}$.

（2）余弦函数的周期是 2π，所以，对于一切 x，都有

$$2\cos\frac{x}{2}=2\cos\left(\frac{x}{2}+2\pi\right)=2\cos\left[\frac{1}{2}(x+4\pi)\right],$$

所以，$y=2\cos\dfrac{x}{2}$ 的周期 $T=4\pi$.

由例 3 可以看出，函数周期的变化只与 x 的系数有关. 一般地，函数 $y=A\sin(\omega x+\varphi)$ 或函数 $y=A\cos(\omega x+\varphi)$（其中 A，ω，φ 为常数，$\omega>0$，$x\in\mathbf{R}$）的周期 $T=\dfrac{2\pi}{\omega}$.

4. 奇偶性

由诱导公式 $\sin(-x)=-\sin x$，$\cos(-x)=\cos x$ 可知，**正弦函数 $y=\sin x$，$x\in\mathbf{R}$ 是奇函数，余弦函数 $y=\cos x$，$x\in\mathbf{R}$ 是偶函数**.

反映在图像上，正弦曲线关于原点对称，余弦曲线关于 y 轴对称.

5. 单调性

由正弦曲线可以看出：当 x 由 $-\dfrac{\pi}{2}$ 增大到 $\dfrac{\pi}{2}$ 时，曲线逐渐上升，$\sin x$ 的值由 -1 增大到 1；当 x 由 $\dfrac{\pi}{2}$ 增大到 $\dfrac{3\pi}{2}$ 时，曲线逐渐下降，$\sin x$ 的值由 1 减小到 -1. 这个变化情况如下表所示：

x	$-\frac{\pi}{2}$	…	0	…	$\frac{\pi}{2}$	…	π	…	$\frac{3\pi}{2}$
$\sin x$	-1	↗	0	↗	1	↘	0	↘	-1

由正弦函数的周期性知道：

正弦函数 $y=\sin x$ 在每一个闭区间 $\left[-\frac{\pi}{2}+2k\pi, \frac{\pi}{2}+2k\pi\right]$ $(k\in\mathbf{Z})$ 上，从 -1 增大到 1，是增函数；在每一个闭区间 $\left[\frac{\pi}{2}+2k\pi, \frac{3\pi}{2}+2k\pi\right]$ $(k\in\mathbf{Z})$ 上，都从 1 减小到 -1，是减函数. 也就是说，正弦函数 $y=\sin x$ 的单调区间是 $\left[-\frac{\pi}{2}+2k\pi, \frac{\pi}{2}+2k\pi\right]$ 及 $\left[\frac{\pi}{2}+2k\pi, \frac{3\pi}{2}+2k\pi\right]$ $(k\in\mathbf{Z})$.

类似地，由余弦曲线可以看出，函数 $y=\cos x$ 在 $[-\pi, \pi]$ 上的变化情况如下表所示：

x	$-\pi$	…	$-\frac{\pi}{2}$	…	0	…	$\frac{\pi}{2}$	…	π
$\cos x$	-1	↗	0	↗	1	↘	0	↘	-1

由余弦函数的周期性知道：

余弦函数 $y=\cos x$ 在每一个闭区间 $[(2k-1)\pi, 2k\pi]$ $(k\in\mathbf{Z})$ 上，从 -1 增大到 1，是增函数；在每一个闭区间 $[2k\pi, (2k+1)\pi]$ $(k\in\mathbf{Z})$ 上，都从 1 减小到 -1，是减函数. 也就是说，余弦函数 $y=\cos x$ 的单调区间是 $[(2k-1)\pi, 2k\pi]$ 及 $[2k\pi, (2k+1)\pi]$ $(k\in\mathbf{Z})$.

例 5 不求值，比较下列每组中两个三角函数值的大小：

（1）$\sin\left(-\frac{\pi}{10}\right)$ 与 $\sin\left(-\frac{\pi}{18}\right)$；

（2）$\cos\left(-\frac{23\pi}{5}\right)$ 与 $\cos\left(-\frac{17\pi}{4}\right)$.

解：（1）因为 $-\frac{\pi}{2}<-\frac{\pi}{10}<-\frac{\pi}{18}<\frac{\pi}{2}$，且正弦函数 $y=\sin x$ 当 $-\frac{\pi}{2}\leqslant x\leqslant\frac{\pi}{2}$ 时是增函数，所以

$$\sin\left(-\frac{\pi}{10}\right)<\sin\left(-\frac{\pi}{18}\right);$$

（2）$\cos\left(-\frac{23\pi}{5}\right)=\cos\frac{23\pi}{5}=\cos\frac{3\pi}{5}$，$\cos\left(-\frac{17\pi}{4}\right)=\cos\frac{17\pi}{4}=\cos\frac{\pi}{4}$，

因为 $0<\frac{\pi}{4}<\frac{3\pi}{5}<\pi$，且余弦函数 $y=\cos x$ 在 $0\leqslant x\leqslant\pi$ 上是减函数，所以 $\cos\frac{3\pi}{5}<\cos\frac{\pi}{4}$，即

$$\cos\left(-\frac{23\pi}{5}\right)<\cos\left(-\frac{17\pi}{4}\right).$$

练习 6.5

1. 作出下列函数的图像：

(1) $y=\cos x$，$x\in[0, 2\pi]$；

(2) $y=\sin x$，$x\in[0, 2\pi]$；

(3) $y=1+\cos x$，$x\in[0, 2\pi]$；

(4) $y=2\sin x$，$x\in[0, 2\pi]$.

2. 确定下列函数的定义域：

(1) $y=\sin(2x+1)$；

(2) $y=\dfrac{1}{1-\cos x}$.

3.（口答）下列各式有意义吗？为什么？

(1) $\cos x=-1.001$；　　(2) $\sin x=n^2+1$ $(n\neq 0)$.

4.（口答）当 $x=0, \pi, 2\pi, 3\pi, \cdots$ 时，等式 $\sin(x+\pi)=\sin x$ 都成立. 能不能说 π 是正弦函数 $y=\sin x$ 的周期？为什么？

5. 求下列各函数的周期：

(1) $y=\sin 2x$；　　(2) $y=\cos\dfrac{1}{3}x$；

(3) $y=4\sin\dfrac{1}{5}x$；　　(4) $y=\cos\left(x+\dfrac{\pi}{7}\right)$.

6. 求下列函数的最大值、最小值以及使函数取得这些值的 x 的集合：

(1) $y=3\sin x$；　　(2) $y=1-\dfrac{1}{2}\cos x$；

(3) $y=2\sin 3x$.

7. 比较下列各组中两个三角函数值的大小（不求值）：

(1) $\sin 250°$，$\sin 260°$；

(2) $\cos\dfrac{15\pi}{8}$，$\cos\dfrac{14\pi}{9}$；

(3) $\cos 515°$，$\cos 530°$；

(4) $\sin\left(-\dfrac{54\pi}{7}\right)$，$\sin\left(-\dfrac{63\pi}{8}\right)$.

第六节　已知三角函数值求角

已知任意一个角，可以求出它的三角函数值（角必须属于这个函数的定义域）；反过来，如果已知一个三角函数值，也可以求出与它对应的角.

例 1　已知 $\cos\alpha=\frac{1}{2}$，且 $0°<\alpha<360°$，求 α.

解：$\because$　$\cos\alpha=\frac{1}{2}>0$，

$\therefore$　α 是第一、四象限的角.

$\because$　$\cos 60°=\frac{1}{2}$，$\cos(360°-60°)=\cos 300°=\frac{1}{2}$，

又 $\because$　$0°<\alpha<360°$，

$\therefore$　$\alpha=60°$或 $300°$.

$\therefore$　所求角 α 的集合为：$\{60°, 300°\}$.

例 2　已知 $\sin\alpha=-\frac{\sqrt{2}}{2}$，且 $0<\alpha<2\pi$，求 α.

解：$\because$　$\sin\alpha=-\frac{\sqrt{2}}{2}<0$，

$\therefore$　α 是第三、四象限的角.

$\because$　$\sin\left(\pi+\frac{\pi}{4}\right)=\sin\frac{5\pi}{4}=-\frac{\sqrt{2}}{2}$，

$\sin\left(2\pi-\frac{\pi}{4}\right)=\sin\frac{7\pi}{4}=-\frac{\sqrt{2}}{2}$，

又 $\because$　$0<\alpha<2\pi$，

$\therefore$　$\alpha=\frac{5\pi}{4}$或$\frac{7\pi}{4}$，

$\therefore$　所求角 α 的集合为：$\left\{\frac{5\pi}{4}, \frac{7\pi}{4}\right\}$

例 3　已知 $\cos x=-\frac{\sqrt{3}}{2}$，求 x 的集合.

解：$\because$　$\cos x=-\frac{\sqrt{3}}{2}<0$，

$\therefore$　x 是第二、三象限的角.

$\because$　$\cos(180°-30°)=\cos 150°=-\frac{\sqrt{3}}{2}$，

$\cos(180°+30°)=\cos 210°=-\frac{\sqrt{3}}{2}$，

$\therefore$　$x=150°+k\cdot 360°$或 $x=210°+k\cdot 360°$（$k\in\mathbf{Z}$）.

$\therefore$　所求 x 的集合是：

$\{x\mid x=150°+k\cdot 360°, k\in\mathbf{Z}\}\cup\{x\mid x=210°+k\cdot 360°, k\in\mathbf{Z}\}$.

练习 6.6

1. 求满足下列条件的 α:

(1) $\cos\alpha=\dfrac{\sqrt{3}}{2}$，且 $270°<\alpha<360°$；

(2) $\sin\alpha=-\dfrac{1}{2}$，且 $0<\alpha<2\pi$；

(3) $\cos\alpha=-\dfrac{\sqrt{2}}{2}$，且 $0°<\alpha<360°$.

2. 求满足下列条件的一切 x:

(1) $\sin x=\dfrac{\sqrt{2}}{2}$；

(2) $\cos x=-\dfrac{1}{2}$；

(3) $\sin x=-1$.

本章小结

一、知识结构

1. 关于角的推广

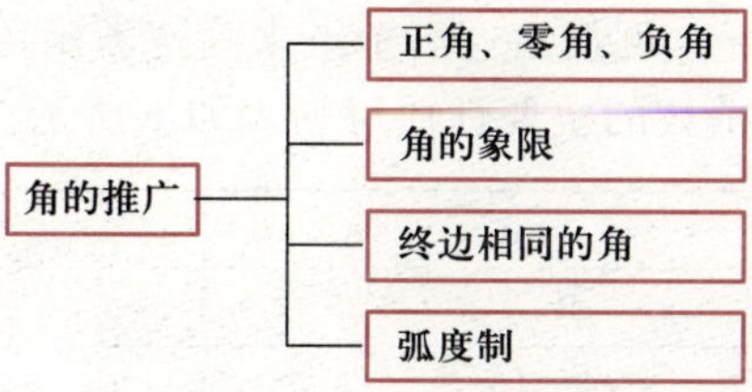

2. 关于三角函数

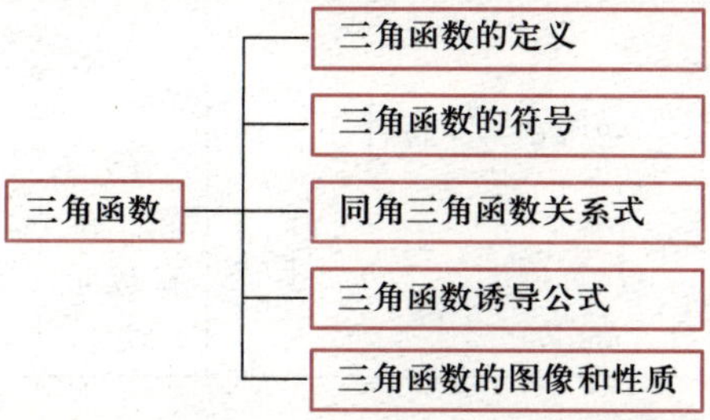

二、知识回顾与方法总结

1. 根据生产实际和进一步学习数学的需要，我们引入了任意大小的正角、负角和零角的概念.

2. 采用弧度制来度量角，是在角的集合与实数集 **R** 之间建立了这样的一一对应关系：每一个角都有唯一的一个实数（即这个角的弧度数）与它对应；反过来，每一个实数也都有唯一的一个角（角的弧度数等于这个实数）与它对应.

3. 在角的概念推广后，我们定义了任意角的正弦、余弦、正切这三种三角函数. 它们都是以角为自变量，以比值为函数值的函数. 由于角的集合与实数集之间可以建立一一对应关系，三角函数可以看成以实数为自变量的函数.

4. 同角三角函数的基本关系式是进行三角恒等变换的重要基础，它们在化简三角函数式和证明三角恒等式等问题中要经常用到，必须熟记，并能熟练运用.

5. 掌握了五组诱导公式以后，就可以把任意角的三角函数化为0°到90°间角的三角函数. 五组公式列表如下：

角	正弦	余弦	正切
$-\alpha$	$-\sin\alpha$	$\cos\alpha$	$-\tan\alpha$
$\pi-\alpha$	$\sin\alpha$	$-\cos\alpha$	$-\tan\alpha$
$\pi+\alpha$	$-\sin\alpha$	$-\cos\alpha$	$\tan\alpha$
$2\pi-\alpha$	$-\sin\alpha$	$\cos\alpha$	$-\tan\alpha$
$\alpha+2k\pi$	$\sin\alpha$	$\cos\alpha$	$\tan\alpha$

概括上表中的公式，可以说成：$\alpha+2k\pi$（$k\in\mathbf{Z}$），$-\alpha$，$\pi\pm\alpha$，$2\pi-\alpha$ 的三角函数值等于 α 的同名函数值，前面加上一个把 α 看成锐角时原函数值的符号.

6. 从对正弦函数、余弦函数的分析以及从它们的图像中可以看出，在长度为一个周期的闭区间上，有五个关键点（即函数值最大和最小的点以及函数值为0的点）在确定正弦函数、余弦函数的图像的形状时起着关键作用. 因此，在精确度要求不太高的情况下，可找出这五个点来画这类函数的简图.

7. 正弦函数、余弦函数的主要性质可列表如下所示：

性质	$y=\sin\alpha$	$y=\cos\alpha$
定义域	$\mathbf{R}$	$\mathbf{R}$
值域	$[-1, 1]$	$[-1, 1]$
周期性	2π	2π
奇偶性	奇函数	偶函数
单调性	在 $\left[-\frac{\pi}{2}+2k\pi, \frac{\pi}{2}+2k\pi\right]$ 上为增函数，在 $\left[\frac{\pi}{2}+2k\pi, \frac{3\pi}{2}+2k\pi\right]$ 上为减函数（$k\in\mathbf{Z}$）	在 $[(2k-1)\pi, 2k\pi]$ 上为增函数，在 $[2k\pi, (2k+1)\pi]$ 上为减函数（$k\in\mathbf{Z}$）

8. 在本章中，大量运用了化归思想.

——把未知化归为已知. 例如用诱导公式把求任意角的三角函数值逐步化归为求锐角三角函数值.

——把特殊化归为一般. 例如把已知三角函数值求角化归为求 $[0, 2\pi]$ 上适合条件的角的集合等.

——等价化归. 例如进行三角函数式的化简、恒等变形和证明三角恒等式.

三、拓展与提高

例 1 求证 $(\sin\varphi+\tan\varphi)\left(\cos\varphi+\dfrac{1}{\tan\varphi}\right)=(1+\sin\varphi)(1+\cos\varphi)$.

证明:

$$
\begin{aligned}
&(\sin\varphi+\tan\varphi)\left(\cos\varphi+\frac{1}{\tan\varphi}\right)\\
&=\sin\varphi\cos\varphi+\sin\varphi\frac{1}{\tan\varphi}+\tan\varphi\cos\varphi+\tan\varphi\frac{1}{\tan\varphi}\\
&=\sin\varphi\cos\varphi+\sin\varphi\frac{\cos\varphi}{\sin\varphi}+\frac{\sin\varphi}{\cos\varphi}\cos\varphi+1\\
&=\sin\varphi\cos\varphi+\cos\varphi+\sin\varphi+1\\
&=\cos\varphi(1+\sin\varphi)+\sin\varphi+1\\
&=(1+\sin\varphi)(1+\cos\varphi).
\end{aligned}
$$

例 2 化简 $\dfrac{\sin(180^\circ+\alpha)\cos(360^\circ+\alpha)}{\tan(-\alpha-180^\circ)\sin(-180^\circ-\alpha)}$.

解: $\because$

$$
\begin{aligned}
\tan(-\alpha-180^\circ)&=\tan[-(180^\circ+\alpha)]\\
&=-\tan(180^\circ+\alpha)\\
&=-\tan\alpha,\\
\sin(-180^\circ-\alpha)&=\sin[-(180^\circ+\alpha)]\\
&=-\sin(180^\circ+\alpha)\\
&=\sin\alpha,
\end{aligned}
$$

$$
\therefore\quad \frac{\sin(180^\circ+\alpha)\cos(360^\circ+\alpha)}{\tan(-\alpha-180^\circ)\sin(-180^\circ-\alpha)}
$$

$$
=\frac{(-\sin\alpha)\cos\alpha}{(-\tan\alpha)\sin\alpha}=\frac{\cos\alpha}{\tan\alpha}=\frac{\cos^2\alpha}{\sin\alpha}.
$$

拓展练习

1. 证明 $\left(\tan\beta+\dfrac{1}{\tan\beta}\right)^2-\left(\tan\beta-\dfrac{1}{\tan\beta}\right)^2=\dfrac{4}{\tan^2\beta}$.

2. 化简 $\sin(-1\,071^\circ)\cdot\sin 99^\circ+\sin(-171^\circ)\cdot\sin(-261^\circ)$.

3. 化简 $1+\sin(\alpha-2\pi)\cdot\sin(\pi+\alpha)-\tan(\pi-\alpha)\cdot\dfrac{1}{\tan(\alpha-\pi)}-2\cos^2(-\alpha)$.

本章复习题

一、选择题

1. -80°是第几象限的角 (　　)

A. 一　　　　B. 二

C. 三　　D. 四

2. 与 830°终边相同而又在 0°~360°之间的角为 (　　)

A. −110°　　B. 110°

C. 70°　　D. −70°

3. 12π 的角度数为 (　　)

A. 2 160°　　B. 2 000°

C. 1 890°　　D. 2 110°

4. $y=\sin x+1$ 的最大值是 (　　)

A. 1　　B. −1

C. 2　　D. −2

5. $y=\cos x$ 在下列哪个区间上是增函数 (　　)

A. $\left[-\frac{\pi}{2}, \frac{\pi}{2}\right]$　　B. $\left[\frac{\pi}{2}, \frac{3\pi}{2}\right]$

C. $[-\pi, 0]$;　　D. $[0, \pi]$

二、填空题

1. 顺时针方向旋转所形成的角叫做________.

2. 135°的弧度数为________.

3. $y=\cos x$ 取得最小值的 $x=$________.

4. 正弦函数关于________对称.

5. 余弦函数的周期是________.

三、判断题

1. 锐角都是第一象限的角. (　　)

2. $\cos 110°>0$. (　　)

3. $3\sin x=5$ 成立. (　　)

4. $y=2\cos x$ 的最大值是 2. (　　)

5. $\sin 155°>\sin 165°$. (　　)

四、解答题

1. 已知角 α 的终边经过点 $P(-2, -3)$，求 α 的正弦、余弦、正切的值.

2. 求下列三角函数值：

(1) $\sin 135°$;　　(2) $\cos\frac{25\pi}{4}$;　(3) $\tan(-1\ 125°)$.

3. 已知 $\sin x=\frac{1}{2}$，求 x 的集合.

五、化简：$\frac{\cos(\alpha-\pi)}{\sin(\pi-\alpha)}\cdot\sin(\alpha-2\pi)\cdot\cos(2\pi-\alpha)$.

六、证明

(1) $\sin^4 x+\cos^4 x=1-2\sin^2 x\cos^2 x$;

(2) $(\cos\alpha-1)^2+\sin^2\alpha=2-2\cos\alpha$.

阅读材料

欧拉与三角函数

著名数学家、物理学家和天文学家欧拉（Euler）1707 年出生于瑞士的巴塞尔，1720 年进入巴塞尔大学学习，后获硕士学位. 1727 年起，他先后到俄国、德国工作，1766 年再次到俄国直至逝世.

1748 年，欧拉出版了一部划时代的著作《无穷小分析论》，其中提出三角函数是对应的三角函数线与圆的半径的比值，并令圆的半径为 1，这使得对三角函数的研究大为简化. 他还在此书的第八章中提出了弧度制的思想. 他认为，如果把半径作为 1 个单位长度，那么半圆的长就是 π，所对圆心角的正弦是 0，即 $\sin \pi=0$. 同理，圆的$\frac{1}{4}$的长是$\frac{\pi}{2}$，所对圆心角的正弦是 1，可记作 $\sin \frac{\pi}{2}=1$. 这一思想将线段与弧的度量单位统一起来，大大简化了某些三角函数公式及其计算.

1735 年，欧拉右眼失明.《无穷小分析论》这部著作出版于他这一不幸之后. 他的著作在样式、范围和记号方面堪称典范，因此被许多大学作为教科书采用. 1766 年，他回到俄国不久，又转成双眼失明. 他以惊人的毅力，在圣彼得堡又用口述由别人记录的方式工作了近 17 年，直到 1783 年去世. 1909 年，瑞士自然科学学会开始出版欧拉的著作，使他的著作得以流芳百世，至今已出版七十余卷.

第七章 数　　列

【本章学习提示】

数列是数学的重要组成部分，与函数、方程、不等式等均有密切的联系．同时，数列知识与我们的日常生活紧密相关．

在本章，我们将学习数列的定义、分类、表示方法、通项公式，以及等差与等比数列的定义、通项公式、前 n 项求和等．在学习过程中，领会和体验数学思想方法的魅力，如类比思想、方程思想、数形结合、函数思想、由特殊到一般的归纳推理方法等．更重要的是要认识到数学的应用价值，激发对数学学习的兴趣及信心．

【本章学习目标】

- 了解数列的定义和数列的分类，掌握数列的通项公式等．
- 理解等差数列的定义、通项公式以及前 n 项和公式．
- 理解等比数列的定义、通项公式以及前 n 项和公式．
- 体验类比思想、归纳推理等数学思想方法．
- 学会用数列知识解决生活中的问题，提高分析问题和解决问题的能力．

第一节 数　　列

1. 数列的概念

我们看下面的例子：

把某幼儿园小（一）班孩子的座位号从小到大依次排成一列数：

1，2，3，4，5，6，8，9，10，11，12，13，14，15，16，17，18，19，20.①

从 1984 年到 2016 年，我国体育健儿共参加了 9 次奥运会，获得的金牌数依次排成一列数：

$$15，5，16，16，28，32，51，38，26. \quad ②$$

把$\frac{1}{2}$的 1 次幂，2 次幂，3 次幂，4 次幂……依次排成一列数：

$$\frac{1}{2},\ \frac{1}{4},\ \frac{1}{8},\ \frac{1}{16},\ \cdots. \qquad ③$$

把无穷多个 1 排成一列数：

$$1,\ 1,\ 1,\ 1,\ 1,\ 1,\ \cdots. \qquad ④$$

像上面的例子中，按照一定次序排成的一列数叫做**数列**. 数列中的每一个数叫做数列的**项**，各项依次叫做这个数列的第 1 项（或首项），第 2 项，…，第 n 项，….

2. 数列的一般表示法

数列的一般形式可以表示为：

$$a_1,\ a_2,\ a_3,\ \cdots,\ a_n,\ \cdots.$$

其中 a_n 是数列的第 n 项.

有时我们把一些数列简记为 $\{a_n\}$. 如数列③简记作$\left\{\frac{1}{2^n}\right\}$.

3. 数列的通项公式

如果数列 $\{a_n\}$ 的第 n 项 a_n 与 n 之间的关系可以用一个公式来表示，那么这个公式就叫做这个数列的**通项公式**.

数列的每一项与它的序号之间有下面的对应关系：

序号	1	2	3	4	…	n
	↓	↓	↓	↓		↓
项	a_1,	a_2,	a_3,	a_4,	…,	a_n

从函数的观点看，数列可以看成是一个定义域为正整数集 $\mathbf{N}_+$（或它的有限子集 $\{1,2,3,\cdots,n\}$）的函数当自变量从小到大依次取值时对应的一列函数值，而数列的通项公式也就是相应函数的解析式.

例 1　根据数列 $\{a_n\}$ 的通项公式，写出它的前 5 项：

（1）$a_n=\frac{n}{1+n}$；　　　　（2）$a_n=(-1)^n\cdot n$.

解：（1）在通项公式中依次取 $n=1,2,3,4,5$，得到数列 $\{a_n\}$ 的前 5 项为

$$\frac{1}{2},\ \frac{2}{3},\ \frac{3}{4},\ \frac{4}{5},\ \frac{5}{6};$$

（2）在通项公式中依次取 $n=1,2,3,4,5$，得到数列 $\{a_n\}$ 的前 5 项为

$$-1,\ 2,\ -3,\ 4,\ -5.$$

例 2　写出下面数列的一个通项公式，使它的前 4 项分别是下列各数：

（1）1，3，5，7；

（2）$-\frac{1}{1\times2},\ \frac{1}{2\times3},\ -\frac{1}{3\times4},\ \frac{1}{4\times5}$.

解：（1）这个数列的前 4 项 1，3，5，7 都是序号的 2 倍减去 1，所以它的一个通项公式是

$$a_n=2n-1;$$

（2）这个数列的前 4 项 $-\frac{1}{1\times2}$，$\frac{1}{2\times3}$，$-\frac{1}{3\times4}$，$\frac{1}{4\times5}$ 的绝对值都等于序号与序号加 1 的积的倒数，且奇数项为负，偶数项为正，所以它的一个通项公式是

$$a_n=\frac{(-1)^n}{n\times(n+1)}.$$

4. 有穷数列和无穷数列的概念

项数有限的数列叫做有穷数列，项数无限的数列叫做无穷数列. 上面的数列①、②是有穷数列，③、④是无穷数列.

练习 7.1

1. 根据下面数列 $\{a_n\}$ 的通项公式，写出它的前 5 项：

（1）$a_n=5n$；（2）$a_n=(-1)^n n$；

（3）$a_n=3\times(-1)^{n+1}$；（4）$a_n=\frac{1}{n^2+1}$.

2. 写出下面数列的一个通项公式，使它的前 4 项分别是下列各数：

（1）3，6，9，12，…；

（2）−5，10，−15，20，…；

（3）$\frac{1}{3}$，$-\frac{1}{9}$，$\frac{1}{27}$，$-\frac{1}{81}$，…；

（4）$1-\frac{1}{2}$，$\frac{1}{2}-\frac{1}{3}$，$\frac{1}{3}-\frac{1}{4}$，$\frac{1}{4}-\frac{1}{5}$，….

3. 按规律填空：

（1）0，−1，2，（ ），6，−8，（ ），−12，…；

（2）（ ），4，9，（ ），25，（ ），（ ），…；

（3）1，$\sqrt{2}$，（ ），2，（ ），（ ），$\sqrt{7}$，….

第二节 等差数列

1. 等差数列的定义

观察下面的数列.

常用成年男鞋的尺码分别是：

$$39，39.5，40，40.5，41，41.5，42，42.5. \quad ①$$

某合唱队每一排的人数依次为：

$$19，20，21，22，23. \quad ②$$

某校运动会个人比赛项目第一名至第六名的奖金数额（单位是元）分别为：

$$120，100，80，60，40，20. \quad ③$$

这些数列有什么共同特点？

对于数列①，从第 2 项起，每一项与前一项的差都等于$\frac{1}{2}$；

对于数列②，从第 2 项起，每一项与前一项的差都等于 1；

对于数列③，从第 2 项起，每一项与前一项的差都等于-20.

这些数列的共同特点是：从第 2 项起，每一项与前一项的差都等于同一个常数.

一般地，如果一个数列从第 2 项起，每一项与前一项的差都等于同一个常数，那么这个数列就叫做**等差数列**，这个常数叫做等差数列的**公差**，公差通常用字母 d 表示.

上面数列①②③都是等差数列，它们的公差分别是$\frac{1}{2}$，1，-20.

2. 等差数列的通项公式

如果一个数列

$$a_1,\ a_2,\ a_3,\ \cdots,\ a_n,\ \cdots$$

是等差数列，它的公差是 d，那么根据等差数列的定义得到

$$a_2-a_1=d,\quad a_3-a_2=d,\quad a_4-a_3=d,\ \cdots,$$

所以

$$a_2=a_1+d,$$
$$a_3=a_2+d=a_1+2d,$$
$$a_4=a_3+d=a_1+3d,$$
$$\cdots\cdots$$

由此得到

$$\boxed{a_n=a_1+(n-1)d.}$$

当 $n=1$ 时，上面等式两边均为 a_1，即等式也是成立的，所以 $n\in\mathbf{N}_+$时上面公式都成立，因而它就是等差数列的通项公式.

例 1　（1）求等差数列 7，4，1，…的第 25 项.

（2）-321 是不是等差数列-5，-9，-13，…的项？如果是，是第几项？

解：（1）由 $a_1=7$，$d=4-7=-3$，$n=25$，得

$$a_{25}=7+(25-1)\times(-3)=-65.$$

（2）由 $a_1=-5$，$d=-9-(-5)=-4$，得到这个数列的一个通项公式为

$$a_n=-5-4(n-1).$$

设 $a_n=-321$，由上面的通项公式，得到

$$-321=-5-4(n-1).$$

解这个方程，得 $n=80$. 即-321 是这个数列的第 80 项.

例 2　在等差数列中，已知 $a_2=6$，$a_{10}=22$，求首项 a_1 和公差 d.

解：由题意可知

$$\begin{cases} a_1+d=6, \\ a_1+9d=22. \end{cases}$$

解这个方程组，得到

$$a_1=4,\ d=2,$$

即这个等差数列的首项是 4，公差是 2.

3. 等差中项

如果 a，A，b 构成等差数列，则 A 叫做 a 与 b 的等差中项，

$$A=\frac{a+b}{2}.$$

2，4，6 构成等差数列，则 4 叫做 2 与 6 的等差中项.

-5 与 -15 的等差中项 $A=-10$.

容易看出，在一个等差数列中，从第 2 项起，每一项（有穷等差数列的末项除外）都是它的前一项与后一项的等差中项.

练习 7.2.1

1. 指出下面的数列中哪些是等差数列，如果是，说出它的公差：

(1) 1，1，1，1，1，…；

(2) 12，9，6，3，0，…；

(3) -1，2，-3，4，-5，…；

(4) $\sqrt{2}$，$\sqrt{3}$，2，$\sqrt{5}$，$\sqrt{6}$，….

2. (1) 求等差数列 2，8，14，…的第 3 项和第 8 项；

(2) 求等差数列 11，7，3，…的第 20 项；

(3) -100 是不是等差数列 -2，-9，-16，…的项？如果是，是第几项？

3. 在等差数列中：

(1) 已知 $a_1=12$，$a_6=27$，求 d；

(2) 已知 $a_1=3$，$a_n=21$，$d=2$，求 n；

(3) 已知 $a_4=7$，$a_7=19$，求 a_1 和 d.

4. 求下列各组数的等差中项：

(1) 60，240；　　　　(2) $1+\sqrt{6}$，$1-\sqrt{6}$.

4. 等差数列的前 n 项的和

看下面的问题：

$$1+2+3+\cdots+100=?$$

对于这个问题，著名数学家高斯 10 岁时就很快求出它的结果. 你知道他是怎么算出来的吗？

他的算法是：

首项与末项的和：$1+100=101$，

等差数列的前 n 项和公式

第 2 项与倒数第 2 项的和：$2+99=101$，

第 3 项与倒数第 3 项的和：$3+98=101$，

……

第 50 项与倒数第 50 项的和：$50+51=101$，

于是，所求的和是 $101\times\frac{100}{2}=5\ 050$.

上面的问题，可以看成是求等差数列

$$1,\quad 2,\quad 3,\ \cdots,\quad n,\ \cdots$$

的前 100 项的和，在上面的求解中，我们发现所求的和可用首项、末项及项数 n 来表示，且任意的第 k 项与倒数第 k 项的和都等于首项与末项的和，这就启发我们如何去求一般等差数列的前 n 项的和.

设等差数列 $\{a_n\}$ 的前 n 项和为 S_n，即

$$S_n=a_1+a_2+\cdots+a_n.$$

根据等差数列 $\{a_n\}$ 的通项公式，上式可以写成

$$S_n=a_1+(a_1+d)+\cdots+[a_1+(n-1)d], \tag{①}$$

再把项的次序反过来，S_n 又可以写成

$$S_n=a_n+(a_n-d)+\cdots+[a_n-(n-1)d], \tag{②}$$

把①、②两边分别相加，得

$$\begin{aligned}2S_n&=(a_1+a_n)+(a_1+a_n)+\cdots+(a_1+a_n)\\&=n(a_1+a_n),\end{aligned}$$

由此得到等差数列 $\{a_n\}$ 的前 n 项和的公式

$$\boxed{S_n=\frac{n(a_1+a_n)}{2}}$$

这就是说，等差数列的前 n 项和等于首末项的和与项数乘积的一半.

用这个公式计算本小节开始提出的问题，我们有

$$S_{100}=\frac{100(1+100)}{2}=5\ 050.$$

因为

$$a_n=a_1+(n-1)d,$$

所以上面的公式又可以写成

$$\boxed{S_n=na_1+\frac{n(n-1)}{2}d}$$

例 3　某大学生 10 天里每天英语单词记忆量（单位：个）如下：

$$25,\ 30,\ 35,\ 40,\ 45,\ 50,\ 55,\ 60,\ 65,\ 70.$$

这位大学生 10 天共记忆英语单词多少个？

解：这位大学生 10 天里每天英语单词记忆量成等差数列，记为 $\{a_n\}$，其中

$a_1=25$，$a_{10}=70$. 根据等差数列前 n 项和公式，得

$$S_7=\frac{10\times(25+70)}{2}=475.$$

答：这位大学生 10 天共记忆英语单词 475 个.

例 4 等差数列 -18，-12，-6，0，6，…前多少项的和是 90？

解：设题中的等差数列为 $\{a_n\}$，前 n 项和是 S_n，则 $a_1=-18$，$d=-12-(-18)=6$. 设 $S_n=90$，根据等差数列前 n 项和公式，得

$$-18n+\frac{n(n-1)}{2}\times 6=S_n,$$

整理，得

$$3n^2-21n-90=0,$$

解得

$$n_1=10,\ n_2=-3\ (\text{舍去}).$$

因此等差数列 -18，-12，-6，0，6，…前 10 项的和是 90.

练习 7.2.2

1. 根据下列各题中的条件，求相应的等差数列 $\{a_n\}$ 的 S_n：

(1) $a_1=10$，$a_n=105$，$n=20$；

(2) $a_1=-100$，$d=2$，$n=50$；

(3) $a_1=14.5$，$d=0.7$，$a_n=32$.

2. 等差数列 6，4，2，0，…前多少项的和是 -60？

3. 一个剧场设置了 20 排座位，第一排有 38 个座位，往后每一排都比前一排多 2 个座位. 这个剧场一共设置了多少个座位？

第三节 等比数列

1. 等比数列的定义

观察下面的数列：

$$1,\ 2,\ 4,\ 8,\ \cdots;$$

$$1,\ 3,\ 9,\ 27,\ \cdots;$$

$$0.9,\ 0.09,\ 0.009,\ 0.0009,\ \cdots;$$

$$1,\ \frac{1}{5},\ \frac{1}{25},\ \frac{1}{125},\ \cdots.$$

这些数列有什么共同特点？

我们发现，上述四个数列有一个共同的特点：每个数列从第 2 项起，每项与它前一项的比都等于同一个常数.

一般地，如果一个数列从第 2 项起，每项与它前一项的比都等于同一个常

数，那么这个数列叫做等比数列，这个常数叫做等比数列的公比，公比通常用字母 q 表示.

上面的四个数列都是等比数列，它们的公比依次是 2，3，0.1，$\frac{1}{5}$.

2. 等比数列的通项公式

如果一个数列

$$a_1,\ a_2,\ a_3,\ \cdots,\ a_n,\ \cdots$$

是等比数列，它的公比是 q，那么根据等比数列的定义得到

$$a_1=a_1q^0,$$
$$a_2=a_1q,$$
$$a_3=a_2q=a_1q^2,$$
$$a_4=a_3q=a_1q^3.$$
$$\cdots\cdots$$

由此可知，等比数列 $\{a_n\}$ 的通项公式是

$$\boxed{a_n=a_1q^{n-1}}$$

其中 a_1 与 q 均不为 0.

例 1　一个等比数列的第 1 项与第 2 项分别是 6 与 12，求它的第 10 项与它的通项公式.

解： 设这个等比数列为 $\{a_n\}$，由题意知

$$a_1=6,\ a_2=12,$$

则

$$q=2,$$

所以

$$a_{10}=a_1q^{10-1}=6\times2^9=3\ 072,$$
$$a_n=6\times2^{n-1}.$$

答：这个数列的第 10 项是 3 072，它的通项公式是：$a_n=6\times2^{n-1}$.

例 2　某种品牌的液晶电视机自投放市场以来，经过三次降价，单价由原来的 12 888 元降到 9 888 元. 这种液晶电视机平均每次降价的百分率大约是多少(精确到 1%)?

解： 设平均每次降价的百分率是 x，那么每次降价后的单价应是降价前的 $(1-x)$ 倍. 这样，把原价与三次降价后的单价依次排列，就组成一个等比数列，记为 $\{a_n\}$，其中

$$a_1=12\ 888,\ a_4=9\ 888.$$

由等比数列的通项公式，得

$$9\ 888=12\ 888\times(1-x)^{4-1},$$

整理后，得

$$(1-x)^3=\frac{9\ 888}{12\ 888}.$$

$$
\begin{aligned}
x &= 1-\sqrt[3]{\frac{9\ 888}{12\ 888}} \\
&\approx 1-0.92 \\
&= 8\%.
\end{aligned}
$$

答：这种液晶电视机平均每次降价的百分率大约是 8%.

3. 等比中项

类似于等差中项的概念，如果 a，G，b 构成等比数列，则 G 叫做 a 与 b 的等比中项.

$$\because \quad \frac{G}{a}=\frac{b}{G},$$

$$G^2=ab,$$

$$\therefore \quad G=\pm\sqrt{ab}.$$

如±4 叫做−2 与−8 的等比中项.

容易看出，在一个等比数列中，从第 2 项起，每一项（有穷等比数列的末项除外）都是它的前一项与后一项的等比中项.

练习 7.3.1

1. 求下面等比数列的第 6 项：

（1）−5，15，−45，…；（2）1.2，2.4，4.8，…；

（3）$\frac{2}{3}$，$\frac{1}{2}$，$\frac{3}{8}$，…；（4）$\sqrt{2}$，1，$\frac{\sqrt{2}}{2}$.

2. 由下列等比数列的通项公式，求首项与公比：

（1）$a_n=3^n$；（2）$a_n=\frac{1}{2}\times 6^n$.

3. 已知数列 $\{a_n\}$ 是等比数列：

（1）$a_9=\frac{4}{9}$，$q=-\frac{1}{3}$，求 a_1；

（2）$a_2=2$，$a_5=54$，求 q；

（3）$a_1=1$，$a_n=256$，$q=2$，求 n.

4. 求下列各组数的等比中项：

（1）4 和 16；

（2）$7+3\sqrt{5}$ 和 $7-3\sqrt{5}$.

4. 等比数列的前 n 项的和

等比数列的前 n 项和公式

看下面的问题：

$$1+2+2^2+2^3+\cdots+2^{10}=?$$

这实际上是求以 1 为首项、2 为公比的等比数列的前 11 项的和：

$$S_{11}=1+2+2^2+2^3+\cdots+2^{10}. \qquad ①$$

如果用公比 2 乘上面等式的两边，得到

$$2S_{11}=2+2^2+2^3+\cdots+2^{10}+2^{11}. \qquad ②$$

我们发现，如果用②的两边分别减去①的两边，可以消去相同的项，从而得到

$$S_{11}=2^{11}-1.$$

设等比数列 $\{a_n\}$ 的前 n 项和为 S_n，即

$$S_n=a_1+a_2+\cdots+a_n.$$

根据等比数列的通项公式，上式可写成

$$S_n=a_1+a_1q+a_1q^2+\cdots+a_1q^{n-2}+a_1q^{n-1}. \qquad ①$$

①的两边乘 q，得

$$qS_n=a_1q+a_1q^2+\cdots+a_1q^{n-2}+a_1q^{n-1}+a_1q^n. \qquad ②$$

①的两边分别减去②的两边，得

$$(1-q)S_n=a_1-a_1q^n.$$

由此得到 $q\neq1$ 时，等比数列 $\{a_n\}$ 的前 n 项和的公式

$$\boxed{S_n=\frac{a_1(1-q^n)}{1-q}}$$

因为

$$a_1q^n=(a_1q^{n-1})q=a_nq,$$

所以上面的公式还可以写成

$$\boxed{S_n=\frac{a_1-a_nq}{1-q}}$$

很明显，当 $q=1$ 时，$S_n=na_1$.

用等比数列 $\{a_n\}$ 的前 n 项和的公式直接求上面 S_{11}：因为 $a_1=1$，$q=2$，$n=11$，所以

$$S_{11}=\frac{1\times(1-2^{11})}{1-2}=2^{11}-1.$$

例 3　求等比数列 1，$\frac{1}{3}$，$\frac{1}{9}$，$\frac{1}{27}$，…前 8 项的和.

解： $\because$　$a_1=1$，$q=\frac{1}{3}$，$n=8$，

$$\therefore\quad S_8=\frac{a_1(1-q^8)}{1-q}=\frac{1\times\left[1-\left(\frac{1}{3}\right)^8\right]}{1-\frac{1}{3}}=\frac{3\,280}{2\,187}.$$

例 4　已知等比数列 $\{a_n\}$ 的 $a_1=-1.5$，$a_4=96$，求 S_4.

解： ∵ $a_4=a_1q^3$，

∴ $96=-1.5\times q^3$，

∴ $q=-4$，

∴ $S_4=\dfrac{(-1.5)-96(-4)}{1-(-4)}=76.5$.

例 5 某商场第 1 年销售计算机 5 000 台，如果平均每年的销售量比上一年增加 10%，那么从第 1 年起，约几年内可使总销售量达到 30 000 台（保留到个位）？

解： 根据题意，每年销售量比上一年增加的百分率相同，所以从第 1 年起，每年的销售量组成一个等比数列 $\{a_n\}$，其中

$$a_1=5\ 000,\ q=1+10\%=1.1,\ S_n=30\ 000,$$

于是得到

$$\frac{5\ 000(1-1.1^n)}{1-1.1}=30\ 000,$$

整理后，得

$$1.1^n=1.6,$$

两边取对数，得

$$n\lg 1.1=\lg 1.6,$$

解得

$$n\approx 5\ (年).$$

答：约 5 年内可以使总销售量达到 30 000 台.

练习 7.3.2

1. 根据下列各题中的条件，求相应的等比数列 $\{a_n\}$ 的 S_n：

（1）$a_1=3$，$q=2$，$n=6$；

（2）$a_1=8$，$q=\dfrac{1}{2}$，$a_n=\dfrac{1}{2}$.

2. （1）求等比数列 1，2，4，…从第 5 项到第 10 项的和；

（2）求等比数列 $\dfrac{3}{2}$，$\dfrac{3}{4}$，$\dfrac{3}{8}$，…从第 3 项到第 7 项的和.

3. 某企业去年的产值是 138 万元，计划在今后 5 年内每年比上一年产值增长 10%，这 5 年的总产值是多少（精确到万元）？

第四节 数列实际应用举例

数列知识在现实生活中有广泛的应用，可以帮助我们解决生活中遇到的相关问题.

例 1 主人想把他的别墅的屋顶的一个斜面设计成等腰梯形，最上面一层铺

瓦片 21 块，往下每一层多铺 1 块，斜面上铺瓦片 19 层，问主人共需要购买多少块瓦片？

解： 逐层的瓦片数构成等差数列，设为 $\{a_n\}$，其中 $a_1=21$，$n=19$，$d=1$，则根据 $S_n=na_1+\dfrac{n(n-1)}{2}d$，得

$$S_{19}=19\times21+\frac{19(19-1)}{2}\times1=570.$$

答：主人共需要购买 570 块瓦片.

例 2　某家长为了养成孩子节俭的生活习惯，培养积少成多的意识，每月固定给孩子 100 元的零用钱，并要求他每月从中拿出 50 元以零存整取的方式存入银行，以备用于孩子的额外支出. 如果该孩子从 1 月份的第一天起，每月存入 50 元，月利率为 0.165%，到 12 月最后一天取出全部本金及其利息，那么实际取出多少钱？

解： 设每期存款的利息之和为 S_{12}，则

$$\begin{aligned}S_{12}&=50\times0.165\%\times12+50\times0.165\%\times11+50\times0.165\%\times10+50\times0.165\%\times9+\cdots+\\&\quad 50\times0.165\%\times2+50\times0.165\%\times1\\&=50\times0.165\%\times(12+11+10+9+\cdots+2+1)\\&=6.435.\end{aligned}$$

本金及其利息之和为：

$$50\times12+6.435-606.435\ (\text{元}).$$

答：实际取出 606.435 元.

例 3　某人贷款 10 000 元，采用等额还本付息方式（每月按相等的金额偿还贷款本息，其中每月贷款利息按月初剩余贷款本金计算并逐月结清），两年还清，若月利率为 0.457 5%，到贷款两年付清时，10 000 元贷款应付本息是多少.

7.4 节例 3 讲解

解：（1）10 000 元贷款的本金与它的利息之和：

1 个月后为 $10\,000\times1.004\,575$ 元；

2 个月后为 $10\,000\times1.004\,575^2$ 元；

……

23 个月后为 $10\,000\times1.004\,575^{23}$ 元；

24 个月后为 $10\,000\times1.004\,575^{24}$ 元.

（2）设每月还 x 元，则各月所付本息之和：

1 个月后还的 x 元，在 23 个月后的值为 $1.004\,575^{23}x$ 元；

2 个月后还的 x 元，在 22 个月后的值为 $1.004\,575^{22}x$ 元；

……

23 个月后还的 x 元，在 1 个月后为 $1.004\,575x$ 元；

24 个月后还的 x 元，x 元.

（3）各月所付本息之和 = 2 年后本息之和

$$x+x(1+0.004\,575)+\cdots+x(1+0.004\,575)^{23}=10\,000\times(1+0.004\,575)^{24}.$$

左边为一个等比数列的和，从而有

$$x \cdot \frac{1-1.004\ 575^{24}}{1-1.004\ 575}=10\ 000\times 1.004\ 575^{24}.$$

利用计算器可得：$x=440.9$ 元，付款总额为 10 581.6 元.

答：每月还贷 440.9 元，到贷款两年付清时，10 000 元贷款应付本息是 10 581.6 元.

练习 7.4

1. 某一大学生毕业参加工作每月工资为 2 500 元，从 1 月份开始，她每月从中拿出 800 元以零存整取的方式存入银行，若月利率为 0.165%，到次年 1 月份取出全部本金及其利息，那么她实际能取到多少钱？

2. 某一年轻夫妇计划采用按揭 30 年方式购买一套 80 平方米的房子，首付 10 万，贷款 38 万，若贷款年利率为 5.49%，问 30 年后该年轻夫妇所购买的房子实际需要支付本息是多少元？每月需等额还贷多少元？（利息按年以复利计算.）

本章小结

一、知识结构

1. 关于数列

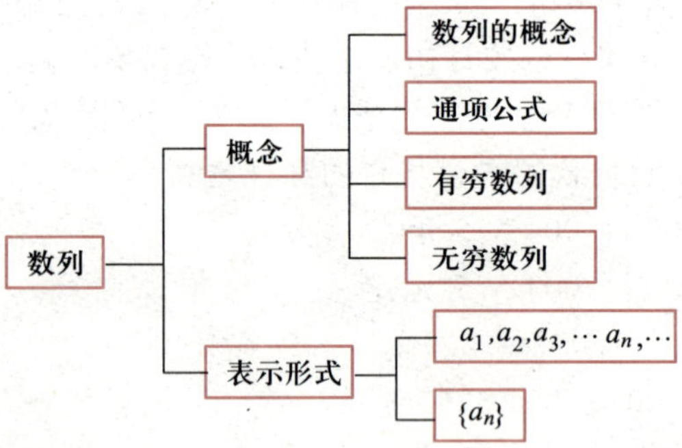

2. 关于等差数列和等比数列

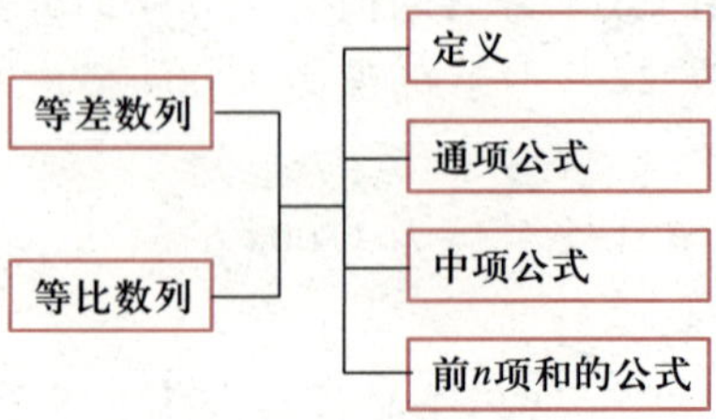

二、知识回顾与方法总结

1. 按照一定的次序排列的一列数叫做数列．实际上，从函数观点看，对于一个定义域为正整数集 $\mathbf{N}_+$（或它的有限子集 $\{1, 2, \cdots, n\}$）的函数来说，数列就是这个函数当自变量从小到大依次取值时对应的一列函数值．

2. 一个数列 $\{a_n\}$ 的第 n 项 a_n 与 n 之间的关系，如果可以用一个公式来表示，这个公式就叫做这个数列的通项公式．如果已知一个数列的通项公式，那么只要依次用 1，2，3，…去代替公式中的 n，就可以求出这个数列的各项；反过来，根据数列的前几项与它对应的序号之间的规律，就可求出这个数列的一个通项公式．

3. 等差数列与等比数列的比较：

	等差数列	等比数列
定义	从第 2 项起，每项与它的前一项的差都等于同一个常数的数列	从第 2 项起，每项与它的前一项的比都等于同一个常数的数列
一般形式	a_1，a_1+d，a_1+2d，…（d 为公差）	a_1，a_1q，a_1q^2，…（q 为公比）
通项公式	$a_n=a_1+(n-1)d$	$a_n=a_1q^{n-1}$
中项	a 与 b 的等差中项 $A=\frac{a+b}{2}$	a 与 b 的等比中项 $G=\pm\sqrt{ab}$
前 n 项和的公式	$S_n=\frac{n(a_1+a_n)}{2}$ $S_n=na_1+\frac{n(n-1)}{2}d$	$S_n=\frac{a_1(1-q^n)}{1-q}$ $S_n=\frac{a_1-a_nq}{1-q}$（$q\neq1$）

三、拓展与提高

例 1　在正整数集合中有多少个三位数？求它们的和．

解： 在正整数集合中最小的三位数是 100，最大的是 999，共有

$$n=999-99=900\ （个）.$$

所有三位数依次排列构成等差数列，设为 $\{a_n\}$，其中 $a_1=100$，$a_{900}=999$，$n=900$，则有

$$S_{900}=\frac{100+999}{2}\times900=494\ 550.$$

所以，在正整数集合中有 900 个三位数，它们的和是 494 550.

例 2　已知数列 $\{a_n\}$ 是等比数列，$S_3=\frac{9}{2}$，$S_6=\frac{14}{3}$，求 a_1 与 q.

解： ∵　$S_3=\frac{a_1(1-q^3)}{1-q}=\frac{9}{2}$，$S_6=\frac{a_1(1-q^6)}{1-q}=\frac{14}{3}$，

$\therefore\quad \dfrac{S_6}{S_3}=\dfrac{28}{27}.$

$$\frac{a_1(1-q^6)}{1-q}\Big/\frac{a_1(1-q^3)}{1-q}=1+q^3=\frac{28}{27},$$

$\therefore\quad q=\dfrac{1}{3},$

$\therefore\quad a_1=\dfrac{81}{26}.$

拓展练习

1. 求等差数列 13，15，17，…，81 的各项的和.

2. 在 12 与 60 之间插入 3 个数，使它们同这两个数成等差数列，求这三个数.

3. 等比数列 $\{a_n\}$ 中，$a_5-a_1=15$，$a_4-a_2=6$，求 a_3.

4. 三个数成等比数列，它们的和等于 14，它们的积等于 64，求这三个数.

本章复习题

一、选择题

1. $\sqrt{2}$，$\sqrt{3}$，2，$\sqrt{5}$，$\sqrt{6}$，…是　（　　）

A. 等差数列

B. 等比数列

C. 既不是等差数列也不是等比数列

2. 100 是否为等差数列 2，9，16，…的项.　（　　）

A. 是　　B. 不是

3. 如果一个数列从第 2 项起，每项与它前一项的（　　）都等于同一个常数，那么这个数列叫做等比数列，这个常数叫做等比数列的　（　　）

A. 差，公差　　B. 比，公比

C. 差，公比　　D. 比，公差

4. $\dfrac{1}{2\times1}$，$-\dfrac{1}{2\times2}$，$\dfrac{1}{2\times3}$，$-\dfrac{1}{2\times4}$，…的通项公式是　（　　）

A. $a_n=(-1)^n\dfrac{1}{2n}$　　B. $a_n=(-1)^{n+1}\dfrac{1}{2n}$　　C. $(-1)^{n+1}\dfrac{1}{2n}$

5. $7+3\sqrt{5}$ 与 $7-3\sqrt{5}$ 的等比中项是　（　　）

A. 2　　B. -2　　C. ±2

二、填空题

1. 3，6，9，________，15，________，21，24，….

2. ________，-10，15，-20，________，….

3. 数列 1×2，2×3，3×4，…，$n(n+1)$，…的第 10 项是________.

4. 在一个等差数列中，从第________项起，每项（有穷等差数列的末项除外）都是它的前一项与后一项的等差中项.

5. $1-\frac{1}{2}$，$\frac{1}{2}-\frac{1}{3}$，$\frac{1}{3}-\frac{1}{4}$，$\frac{1}{4}-\frac{1}{5}$，…的一个通项公式是________.

三、判断题

1. 1，1.1，1.2，1.7，2.2，2.7，…是等差数列. （　　）
2. 7，7，7，7，…既是等差数列又是等比数列. （　　）
3. $\frac{\sqrt{2}}{4}$不是数列$\sqrt{2}$，1，$\frac{\sqrt{2}}{2}$，…的项. （　　）
4. 1，3，5，7，…的一个通项公式是 $a_n=2n+1$. （　　）
5. $a+2b$ 与 $a-2b$ 的等差中项不是 a. （　　）

四、解答题

1. 已知数列 $\{a_n\}$ 是等差数列：

（1）$a_1=100$，$d=-2$，$n=50$，求 S_n；

（2）$a_4=10$，$a_7=19$，求 a_1 与 d.

2. 已知数列 $\{a_n\}$ 是等比数列：

（1）$a_1=1$，$a_n=256$，$q=2$，求 n；

（2）$n=5$，$q=\frac{1}{2}$，$S_n=\frac{31}{8}$，求 a_1 与 a_n.

3. 求正整数中前 n 个数的和.

4. 求 $(a-1)+(a^2-2)+\cdots+(a^n-n)$ 的和.

阅读材料

国际象棋棋盘上的故事

国际象棋起源于古代印度，棋盘上共有 8 行 8 列，构成 64 个格子. 关于国际象棋有这样一个传说. 国王打算重赏国际象棋的发明人，问他有什么要求，这位聪明的大臣跪在国王面前说："陛下，请你在这张棋盘的第一个小格内，赏给我一粒麦子，在第二个小格内给两粒，在第三个小格内给四粒，照这样下去，每一小格内麦粒数都比前一小格加一倍. 陛下啊，把这样摆满棋盘上所有 64 格的麦粒，都赏给您的仆人吧?"国王说："你的要求不高，会如愿以偿的."说着，他下令把一袋麦子拿到宝座前，计算麦粒的工作开始了……还没到第二十小格，袋子已经空了，一袋又一袋的麦子被扛到国王面前来. 但是，麦粒数一格接一格地增长得那样迅速，很快看出，即使拿出来全印度的粮食，国王也兑现不了他对象棋发明人许下的诺言.

国王应给象棋发明人多少粒麦子? 让我们一来起来分析一下.

由于每个格子里的麦粒数都是前一个格子里的麦粒数 2 倍，且共有 64 个格

子，各个格子里的麦粒数依次是

$$1,\ 2,\ 2^2,\ 2^3,\ \cdots,\ 2^{63},$$

于是发明者要求的麦粒总数就是

$$1+2^2+2^3+\cdots+2^{63}=2^{64}-1\ (\text{粒}).$$

$2^{64}-1$ 这个数很大，超过了 1.84×10^{10}. 假定千粒麦子的质量为 40 g，那么麦粒的总质量超过了 7 000 亿吨，因此，若国王明白这一情况，他是不可能同意国际象棋发明者的要求的.

第八章 平面解析几何初步

【本章学习提示】

在幼儿园的数学教学活动以及诸多游戏活动中，“解析几何”的方法、知识都有渗透．例如，圆、椭圆都是幼儿必须认识的图形；在插板或拼图游戏的活动中，老师让小朋友将某种颜色的小块插在指定位置，构成某个算式或图形，这个过程又渗透了解析几何的坐标思想．

解析几何又称坐标几何，它是由17世纪法国数学家笛卡儿和费马创立的．解析几何的创立是数学发展史上一个重要的里程碑，标志着数学从此由常量数学时期进入变量数学时期．

本章我们将学习一种重要的研究几何图形及其性质的方法：坐标法．借助坐标系，我们把点与坐标、曲线和方程联系起来，将几何问题转化成代数问题，从而实现通过代数运算研究几何图形及其性质的目的．

【本章学习目标】

- 掌握两点间距离公式及中点公式
- 掌握直线方程的五种形式
- 掌握两条直线的位置关系（相交、平行、垂直）
- 掌握圆的两种方程（标准方程、一般方程）
- 掌握直线与圆的位置关系及其判断（相交、相切、相离）
- 初步掌握椭圆、双曲线、抛物线的标准方程及简单几何性质
- 了解圆锥曲线
- 培养数形结合的思想，能更深层次地理解图形与方程的辩证关系．

第一节 两点间距离公式及中点公式

1. 两点间距离公式

在初中，我们知道了平面直角坐标系里的点可以用有序实数对来表示，不重合的两点之间一定有距离．那么，如何利用两点的坐标求出平面直角坐标系内任

意两点间的距离呢？

设 $P_1(x_1, y_1)$、$P_2(x_2, y_2)$ 是坐标平面内的任意两点（图 8.1.1），过 P_1、P_2 分别作 x 轴、y 轴的平行线，它们交于点 Q，很容易得出 Q 点的坐标是 (x_2, y_1).

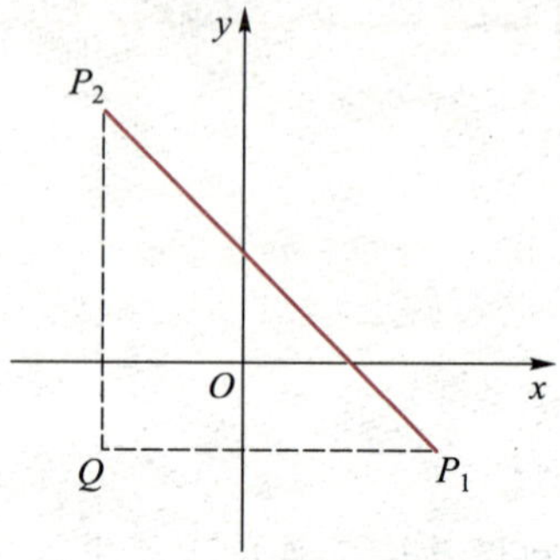

图 8.1.1

在直角三角形 P_1QP_2 中，有

$$|P_1P_2|^2=|P_1Q|^2+|QP_2|^2.$$

$\because$ $$|P_1Q|=|x_2-x_1|,\ |QP_2|=|y_2-y_1|,$$

$\therefore$ $$|P_1P_2|^2=|x_2-x_1|^2+|y_2-y_1|^2=(x_2-x_1)^2+(y_2-y_1)^2.$$

所以 $P_1(x_1, y_1)$、$P_2(x_2, y_2)$ 两点间的距离公式为

$$|P_1P_2|=\sqrt{(x_2-x_1)^2+(y_2-y_1)^2}.$$

注意

符号 $|P_1P_2|$ 表示 P_1、P_2 两点间的距离.

例 1 已知 $P_1(-2, 4)$，$P_2(2, 1)$，求 $|P_1P_2|$.

解： 由两点间距离公式得

$$\begin{aligned}|P_1P_2|&=\sqrt{[2-(-2)]^2+(1-4)^2}\\&=\sqrt{25}\\&=5.\end{aligned}$$

例 2 已知点 A 是 y 轴上的点，它与点 $B(4, 2)$ 的距离等于 5，求点 A 的坐标.

解： 因为点 A 在 y 轴上，所以设点 A 的坐标为 $(0, y)$. 由 $|BA|=5$，得

$$\sqrt{(0-4)^2+(y-2)^2}=5,$$

即 $$(y-2)^2+16=25,$$

$\therefore$ $y_1=5$，$y_2=-1$.

经检验知，这两个值都是原方程的根，所以点 A 的坐标为 $(0, 5)$ 或 $(0, -1)$.

练习 8.1.1

1. 求下列两点间的距离：

(1) (4, 0), (0, -3);

(2) (0, -1), (1, 6);

(3) (1, -5), (3, 7);

(4) (0, 0), (3, 4).

2. 已知 x 轴上有一点 P，并且与点 $A(3, -2)$ 的距离是 5，求点 P 的坐标.

3. 求 y 轴上与点 $P(3, 1)$、$Q(-1, 4)$ 距离相等的点的坐标.

4. 已知点 $A(3, a)$ 与点 $B(-1, 1)$ 之间的距离是 5，求 a 的值.

2. 中点公式

在平面直角坐标系中，已知 $A(x_1, y_1)$，$B(x_2, y_2)$，那么线段 AB 的中点 $M(x, y)$ 的坐标与 A、B 的坐标是否有关系呢？

线段 AB 的中点 $M(x, y)$ 的坐标可以用 A、B 的坐标表示出来，它们的关系如下：

$$x=\frac{x_1+x_2}{2},$$

$$y=\frac{y_1+y_2}{2}.$$

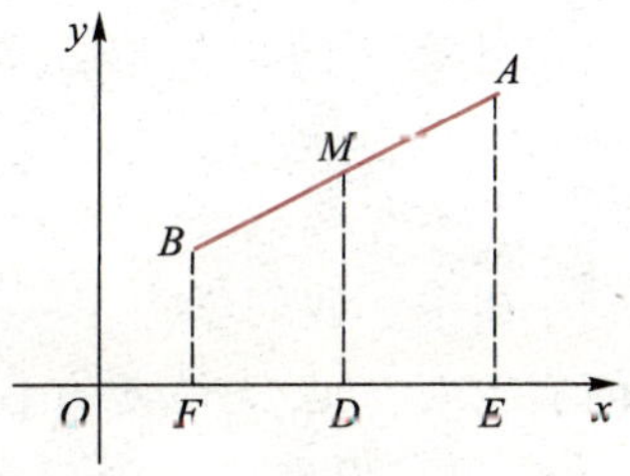

图 8.1.2

事实上，在图 8.1.2 中，作 $AE\perp x$ 轴于 E，$BF\perp x$ 轴于 F，则四边形 $AEFB$ 是直角梯形. 作此直角梯形的中位线 MD，则 $ED=FD$，$MD/\!/AE$.

$\therefore\quad \angle MDE=\angle BFD=90°.$

$\therefore\quad x_E=x_A=x_1,\ x_F=x_B=x_2,\ x_D=x_M=x.$

由 $x_D-x_F=x_E-x_D$ 可得，$x_D=\dfrac{x_E+x_F}{2}$，即

$$x=\frac{x_1+x_2}{2}.$$

同理可得 $y=\dfrac{y_1+y_2}{2}$.

所以，线段 AB 的中点坐标是 $\left(\dfrac{x_1+x_2}{2}, \dfrac{y_1+y_2}{2}\right)$.

例 3　设 P 是 P_1P_2 的中点，根据下列条件求中点 P 的坐标：

(1) $P_1(2, 6)$，$P_2(-4, 8)$；

(2) $P_1(-2, 5)$，$P_2(2, 3)$.

解：(1) 由线段的中点公式可得：P 的坐标是$\left(\frac{2+(-4)}{2}, \frac{6+8}{2}\right)$，即 $(-1, 7)$.

(2) 由线段的中点公式可得：P 的坐标是$\left(\frac{(-2)+2}{2}, \frac{5+3}{2}\right)$，即 $(0, 4)$.

练习 8.1.2

1. 求联结下列两点的线段中点的坐标：

(1) $(-3, 1)$, $(1, 5)$；

(2) $(2, 5)$, $(0, 7)$；

(3) $(3, -4)$, $(-3, 2)$；

(4) $(-2, 6)$, $(0, -2)$.

2. 已知 $\triangle ABC$ 的顶点 $A(2, 6)$、$B(0, 0)$、$C(-1, 5)$，求此三角形三边中点的坐标.

第二节 直线的倾斜角和斜率

在直角坐标系中，点可以用一个有序的实数对——坐标表示，那么直线可以用什么样的代数形式表示呢？直线之间的位置关系如何用代数方法判断呢？

1. 方程的直线与直线的方程

在初中，我们学习了一次函数，知道一次函数 $y=kx+b$ 的图像是满足此方程的实数对（也就是此方程的解）为坐标的点所构成的一条直线. 由于函数 $y=kx+b$ 也可以看作一个二元一次方程，所以，我们可以说：(1) 以这个方程的解为坐标的点都在这条直线上；(2) 这条直线上所有点的坐标都能使这个方程成立.

我们把这个方程叫做这条**直线的方程**，这条直线叫做这个**方程的直线**.

在平面直角坐标系中，我们就是利用直线与二元一次方程的这种对应关系，借助二元一次方程，运用代数的方法来研究、解决直线的有关问题.

2. 直线的倾斜角与斜率

我们知道，过一点可以作无数条直线（如图 8.2.1）. 很显然，这些直线的倾斜程度是不同的. 为了描述、刻画直线的倾斜程度，我们引入直线的倾斜角和斜率等概念.

当直线与 x 轴相交时（图 8.2.2），x 轴的正方向与直线 l 向上的方向之间所形成的最小正角叫做直线 l 的**倾斜角**.

当直线 l 与 x 轴平行或重合时，我们规定：l 的倾斜角是 $0°$.

所以，直线 l 的倾斜角 α 的取值范围是

$$0° \leqslant \alpha < 180°.$$

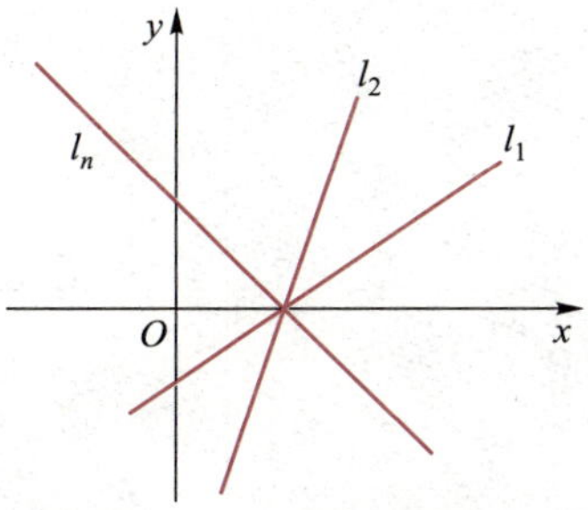

图 8.2.1

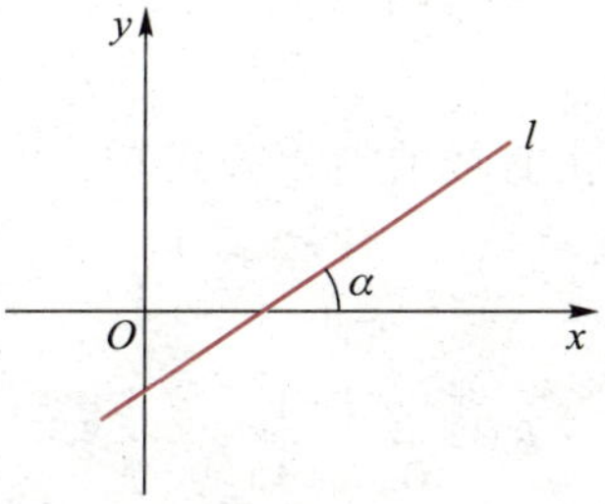

图 8.2.2

当 $\alpha\neq90°$ 时，我们把直线的倾斜角的正切值叫做这条直线的**斜率**，斜率常常用小写的 k 来表示，即

$$k=\tan\alpha.$$

我们用倾斜角来表示直线相对于 x 轴的倾斜程度.

容易看出，当 $\alpha=90°$ 时，直线没有斜率；当 α 不是 $90°$ 的时候，$\tan\alpha$ 的值是唯一确定的. 即 α 不是 $90°$ 时，直线都有确定的斜率. 因此，我们也可以用斜率来表示直线的倾斜程度.

3. 经过两点的直线的斜率

我们知道，两点确定一条直线. 如果已知两点 $P_1(x_1, y_1)$、$P_2(x_2, y_2)$，那么直线 P_1P_2 的斜率也是确定的. 那么怎样利用这两个点的坐标求直线 P_1P_2 的斜率 k 呢？

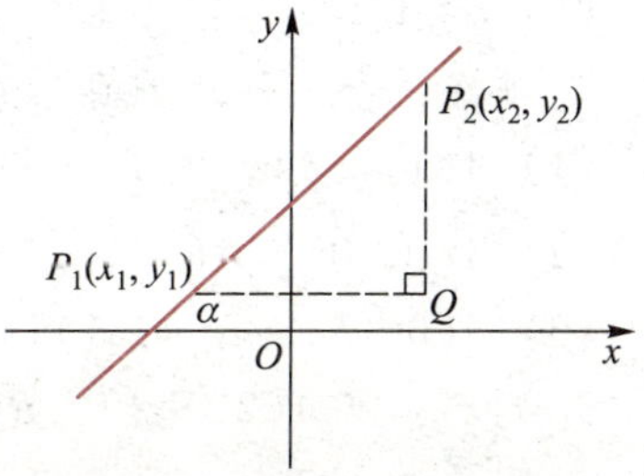

图 8.2.3

图 8.2.3 中，设 P_1P_2 方向向上，倾斜角为 α，且 $\alpha\neq90°$（即 $x_1\neq x_2$），过点 P_1、P_2 分别作 y 轴、x 轴的垂线，两线相交于点 $Q(x_2, y_1)$，那么，$\angle P_2QP_1$ 是直角，且 $QP_1\parallel x$ 轴.

$\therefore\quad \alpha=\angle QP_1P_2$

$\therefore\quad \tan\alpha=\tan\angle QP_1P_2=\dfrac{|QP_2|}{|P_1Q|}=\dfrac{y_2-y_1}{x_2-x_1}.$

由此，我们可以得到经过两点 $P_1(x_1, y_1)$、$P_2(x_2, y_2)$ 的直线的斜率公式

$$k=\frac{y_2-y_1}{x_2-x_1}.$$

当 α 为钝角时，可以用类似的方法加以证明，同学们可以自行探究.

例 1　已知 $A(-7, 0)$，$B(-4, -3)$，求直线 AB 的斜率与倾斜角.

解：由已知，$k=\dfrac{-3-0}{-4-(-7)}=-1$，即 $\tan\alpha=-1$.

$\because\quad 0°\leqslant\alpha<180°$

$\therefore\quad \alpha=135°.$

所以，直线 AB 的斜率为 -1，倾斜角为 $135°$.

例 2 如图 8.2.4，已知 $A(3, 2)$，$B(-4, 1)$，$C(0, -1)$，求直线 AB，BC，CA 的斜率.

解：由直线的斜率公式知：

$$k_{AB}=\frac{1-2}{-4-3}=\frac{1}{7};$$

$$k_{BC}=\frac{-1-1}{0-(-4)}=-\frac{1}{2};$$

$$k_{CA}=\frac{2-(-1)}{3-0}=1.$$

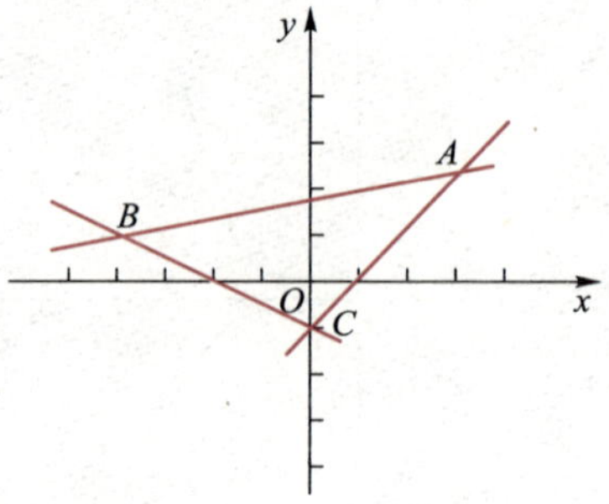

图 8.2.4

练习 8.2.1

1. 已知直线的倾斜角，求直线的斜率：

(1) $\alpha=30°$； (2) $\alpha=60°$；

(3) $\alpha=45°$； (4) $\alpha=150°$；

(5) $\alpha=135°$； (6) $\alpha=120°$.

2. 求经过下列两点的直线斜率及倾斜角：

(1) $A(1, -4)$，$B(11, 6)$；

(2) $A(0, 0)$，$B(-1, \sqrt{3})$；

(3) $A(0, 5)$，$B(4, 1)$.

3. 判断：点 $A(2, -1)$，$B(1, 5)$ 是否在直线 $2x-y+3=0$ 上？

4. 直线的点斜式方程与斜截式方程

在直角坐标系中，给出一条直线的斜率 k 和直线经过的一个点 P_0，就可以确定这条直线；给定两点 P_1、P_2，也能唯一确定一条直线，那么这条确定的直线的代数表现形式是什么呢？如何根据条件写出直线的代数形式？本节我们就来研究这些问题.

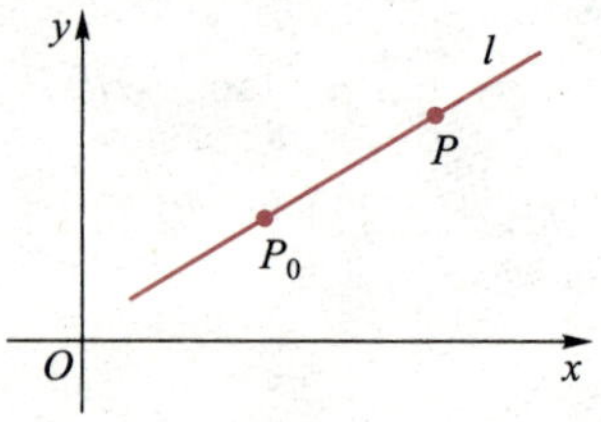

图 8.2.5

如图 8.2.5，直线 l 过点 $P_0(x_0, y_0)$，斜率是 k，我们设 $P(x, y)$ 是直线 l 上不同于点 P_0 的任意一点. 由直线的斜率公式得

$$k=\frac{y-y_0}{x-x_0},$$

即
$$y-y_0=k(x-x_0).$$

易知，直线 l 上的点的坐标都是这个方程的解；以这个方程的解为坐标的点也都在这条直线 l 上. 所以这个方程就是直线 l 的方程.

这个方程是由直线上一点及其斜率确定的，所以我们把它叫做直线的**点斜式**方程.

注意

(1) 当直线的倾斜角为0°时，$k=0$，直线 l 与 x 轴平行或重合（图 8.2.6）.

l 的方程为 $y-y_0=0$，即 $y=y_0$.

(2) 当直线 l 的倾斜角为90°时，直线的斜率不存在，直线 l 与 y 轴平行或重合（图 8.2.7）.

这时，方程不能用点斜式表示. 此时直线 l 上所有点的横坐标都等于 x_0，所以直线 l 的方程为 $x-x_0=0$，即 $x=x_0$.

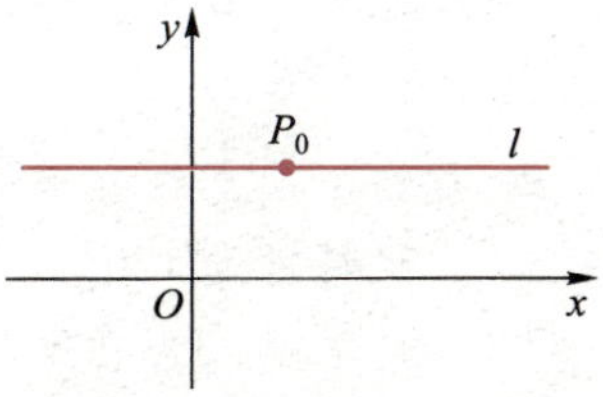

图 8.2.6

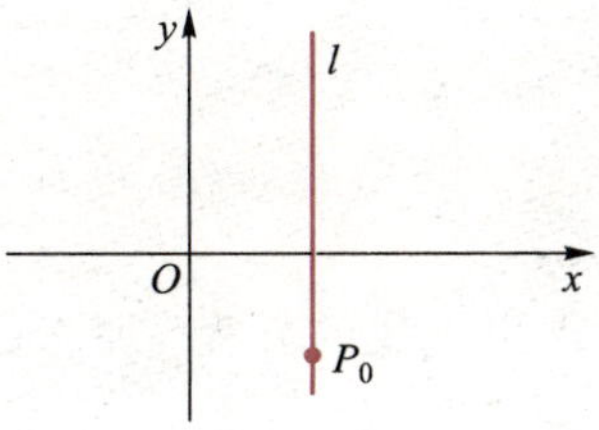

图 8.2.7

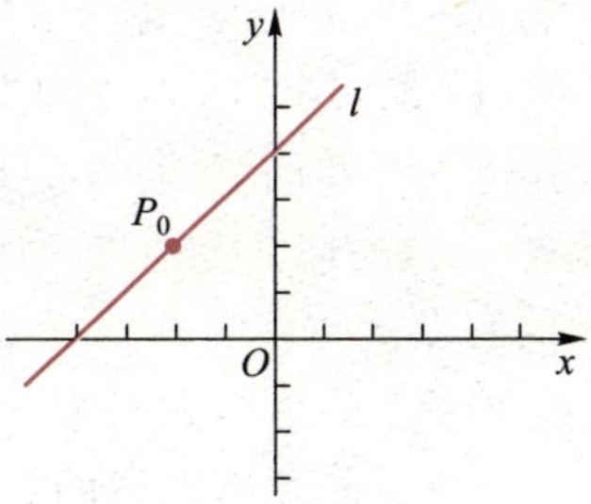

图 8.2.8

例 3 已知直线 l 过点 $P_0(-2, 2)$，倾斜角为 45°，求直线 l 的方程，并画图.

解： 直线过点 $P_0(-2, 2)$，斜率

$$k=\tan 45°=1,$$

所以直线的方程是

$$y-2=x-(-2),$$

即

$$x-y+4=0.$$

图形如图 8.2.8 所示.

思考

若直线 l 的斜率为 k 且过点 $(0, b)$，写出直线 l 的方程.

事实上，若直线 l 的斜率为 k 且过点 $(0, b)$（即与 y 轴相交于点 $(0, b)$），那么代入点斜式方程得 l 的方程为

$$y-b=k(x-0),$$

即

$$y=kx+b.$$

我们称直线 l 与 y 轴的交点 $(0, b)$ 的纵坐标 b 为直线在 y 轴上的截距，这个方程是由直线的斜率与直线在 y 轴上的截距确定的，所以我们把它叫做直线的**斜截式**方程. 其中，k 是直线的斜率，b 是直线在 y 轴上的截距.

思考

这个方程以前见过吗？叫什么名字？过去是怎么讲的？与我们现在学习的内容一致吗？

练习 8.2.2

1. 写出下列直线的点斜式方程：

(1) 经过点 $A(2, 5)$，斜率是 1；

(2) 经过点 $B(-4, -2)$，斜率是 $\sqrt{3}$；

(3) 经过点 $C(0, 3)$，倾斜角是 30°；

(4) 经过点 $D(-\sqrt{2}, 2)$，倾斜角是 150°.

2. 写出下列直线的斜截式方程：

(1) 倾斜角是 120°，在 y 轴上的截距是 3；

(2) 斜率是 -3，在 y 轴上的截距是 -1.

3. 求下列直线的方程：

(1) 过点 $(1, 3)$，并且与 x 轴平行；

(2) 过点 $(1, 3)$，并且与 x 轴垂直；

(3) 过点 $(-2, 1)$，并且与 y 轴平行；

(4) 过点 $(-2, 1)$，并且与 y 轴垂直；

(5) 过点 $(-1, 1)$，倾斜角是 0°；

(6) 过点 $(-1, 1)$，倾斜角是 90°.

5. 直线的两点式方程与截距式方程

已知直线上一点的坐标和斜率，我们可以求出直线的方程. 那么已知直线上两点的坐标，是否也能求出直线的方程呢？

设 $P_1(x_1, y_1)$、$P_2(x_2, y_2)$ 是直线 l 上的两个点 $(x_1 \neq x_2)$，我们求直线 l 的方程.

因为 $x_1 \neq x_2$，所以直线 l 的斜率 $k=\dfrac{y_2-y_1}{x_2-x_1}$，由点斜式方程得

$$y-y_1=\frac{y_2-y_1}{x_2-x_1}\cdot(x-x_1).$$

当 $y_1 \neq y_2$ 时，上式可化为

$$\frac{y-y_1}{x-x_1}=\frac{y_2-y_1}{x_2-x_1}.$$

这就是经过点 $P_1(x_1, y_1)$、$P_2(x_2, y_2)$（其中 $x_1 \neq x_2$，$y_1 \neq y_2$）的直线 l 的方程，因为它是利用直线上两个点的坐标表示出来的，所以称它为直线的**两点式方程**.

例 4　已知直线 l 与 x 轴相交于点 $A(a, 0)$，与 y 轴相交于点 $B(0, b)$（图 8.2.9），其中 $a \neq 0$，$b \neq 0$，求直线 l 的方程.

解：因为点 $A(a, 0)$、$B(0, b)$ 在直线 l 上，所以由直线的两点式方程得

$$\frac{y-0}{b-0}=\frac{x-a}{0-a},$$

即

$$\frac{x}{a}+\frac{y}{b}=1.$$

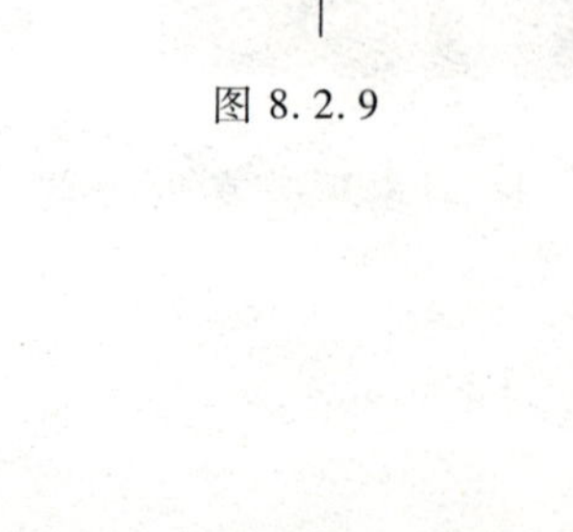

图 8.2.9

把直线 l 与 x 轴的交点 $A(a,\ 0)$ 的横坐标 a 叫做直线在 x 轴上的截距. 由于这个方程是由直线在两条坐标轴上的截距 a 与 b 所确定的，所以把它叫做直线的**截距式**方程.

思考

直线在坐标轴上的截距能否为负值？能否为0？

例 5　已知三角形三个顶点 $A(-4,\ 0)$，$B(3,\ -3)$，$C(0,\ 3)$，求 AC 边所在直线的方程（图 8.2.10）.

解法 1：由直线的两点式方程得 AC 边所在直线的方程为

$$\frac{y-0}{3-0}=\frac{x-(-4)}{0-(-4)},$$

即

$$3x-4y+12=0.$$

解法 2：由直线的截距式方程得 AC 边所在直线的方程为

$$\frac{x}{-4}+\frac{y}{3}=1,$$

即

$$3x-4y+12=0.$$

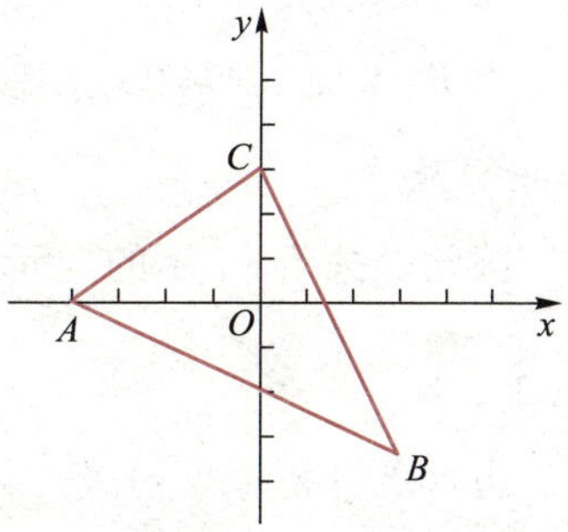

图 8.2.10

练习　8.2.3

1. 求经过下列两点直线的两点式方程：

（1）$P_1(-4,\ -5)$，$P_2(0,\ 0)$；

（2）$P_1(2,\ 1)$，$P_2(3,\ 4)$；

（3）$P_1(0,\ 5)$，$P_2(5,\ 0)$.

2. 根据下列条件求直线的方程：

（1）在 x 轴上的截距是 2，在 y 轴上的截距是 3；

（2）过点（5，0），且在两坐标轴上的截距之和是 2；

（3）经过点（3，-2），且与 x 轴平行.

6. 直线的一般式方程

直线的一般式方程

前两节我们了解了几种特殊形式的直线方程，它们都是关于 x、y 的二元一次方程. 现在我们研究直线与二元一次方程的关系.

在直角坐标系中，当直线的斜率 k 存在时，其方程可写成如下形式：

$$y-y_0=k(x-x_0),$$

其中 k 是直线的斜率，点 $P(x_0,\ y_0)$ 在直线上，它是关于 x、y 的二元一次方程.

当直线斜率不存在时，直线方程可写成

$$x-x_0=0.$$

这个方程也可以认为是关于 x、y 的二元一次方程，此时 y 的系数是 0.

因此，**在直角坐标系中，任意一条直线都可以用一个关于 x，y 的二元一次方程表示.**

下面我们研究：任意一个二元一次方程是否都表示一条直线.

二元一次方程 $Ax+By+C=0$（A、B 不同时为 0）.

当 $B\neq0$ 时，方程可化为

$$y=-\frac{A}{B}x-\frac{C}{B}.$$

它表示一条斜率为 $-\frac{A}{B}$、过点 $\left(0,\ -\frac{C}{B}\right)$ 的直线.

当 $B=0$ 时，$A\neq0$，方程可变为 $x=-\frac{C}{A}$，它表示一条与 y 轴平行或重合的直线.

因此，**关于 x、y 的二元一次方程都表示一条直线**.

注意

由以上讨论可以知道，任何一条直线都可以用一个二元一次方程来表示；任何一个二元一次方程都表示一条直线. 二元一次方程是直线这种几何形式的代数表达形式.

我们把关于 x、y 的二元一次方程

$$Ax+By+C=0\text{（其中 }A\text{、}B\text{ 不同时为 0）}$$

叫做直线的**一般式方程**.

例 6 已知直线 l 经过点 $A(6,\ -4)$，斜率为 $-\frac{4}{3}$，求直线 l 的一般式方程.

解： 由直线的点斜式方程得

$$y+4=-\frac{4}{3}(x-6),$$

化成一般式得

$$4x+3y-12=0.$$

例 7 已知直线的方程为 $3x-2y+6=0$，求直线 l 在两坐标轴上的截距，并画出图形.

解： 令 $x=0$，得 $y=3$，即 l 在 y 轴上的截距是 3；令 $y=0$，得 $x=-2$，即 l 在 x 轴上的截距是 -2.

由上可知，l 与坐标轴的交点为 $A(-2,\ 0)$、$B(0,\ 3)$.

过点 A、B 作直线，即得直线 l 的图形（图 8.2.11）.

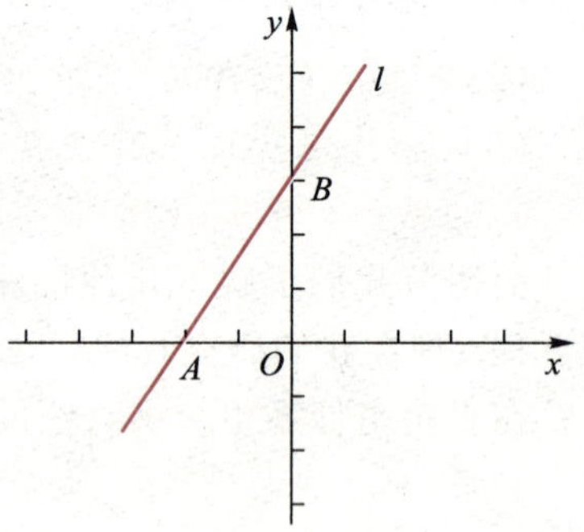

图 8.2.11

练习 8.2.4

1. 根据下列条件，写出直线的一般式方程：

（1）经过点 $A(8, 2)$，斜率为 $-\frac{1}{2}$；

（2）经过点 $B(-4, 2)$，平行于 y 轴；

（3）经过点 $C(3, -2)$，$D(5, -4)$；

（4）斜率是 -3，在 y 轴上的截距是 0；

（5）在 x 轴、y 轴上的截距分别是 $\frac{1}{2}$，-3.

2. 直线 $Ax+By+C=0$ 在 $B\neq0$ 时斜率是多少？当 $B=0$ 时呢？

3. 求下列直线的斜率及其在坐标轴上的截距：

（1）$2x+y-6=0$；

（2）$\frac{x}{3}-\frac{y}{2}=1$；

（3）$x-2y=0$；

（4）$6x-5y+10=0$.

第三节　两条直线的位置关系

1. 两条直线平行的充要条件

通过前几节的学习，我们知道，直线的斜率是刻画直线相对于 x 轴的倾斜程度的一个量，在确定直线的位置时起着重要的作用. 那么能否根据直线的斜率来判断两条直线的位置关系呢？

设两条不重合的直线 l_1，l_2 的斜率分别是 k_1，k_2.

如图 8.3.1，若 $l_1 /\!/ l_2$，则它们的倾斜角 $\alpha_1=\alpha_2$，所以，

$$\tan\alpha_1=\tan\alpha_2,$$

即

$$k_1=k_2,$$

所以

$$l_1 /\!/ l_2 \Rightarrow k_1=k_2.$$

反之，若 $k_1=k_2$，则 $\tan\alpha_1=\tan\alpha_2$，

从而

$$\alpha_1=\alpha_2,$$

所以

$$l_1 /\!/ l_2.$$

即

$$k_1=k_2 \Rightarrow l_1 /\!/ l_2.$$

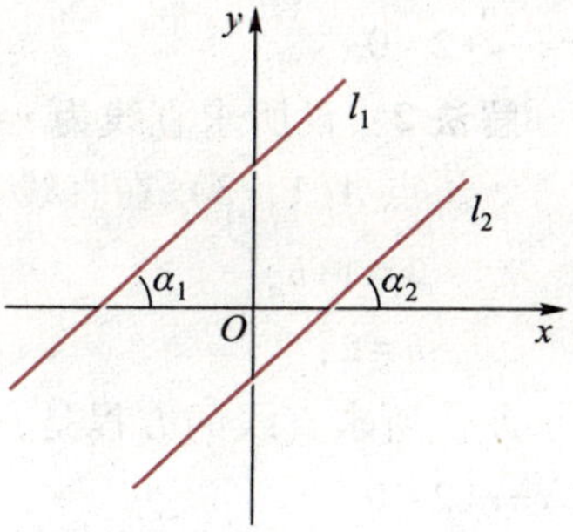

图 8.3.1

因此，对于不重合的两条直线 l_1、l_2，斜率分别为 k_1、k_2，有

$$l_1 /\!/ l_2 \Leftrightarrow k_1=k_2.$$

例 1　已知直线

$$l_1:\ 2x-4y+7=0,$$
$$l_2:\ x-2y-3=0.$$

求证：$l_1 /\!/ l_2$.

证明： 由已知，$k_1=\frac{1}{2}$，$k_2=\frac{1}{2}$，所以

$$k_1=k_2.$$

又 $b_1=\frac{7}{4}$，$b_2=\frac{3}{2}$，即

$$b_1\neq b_2,$$

所以 l_1、l_2 不重合. 所以

$$l_1/\!/l_2.$$

例 2 求证：以 $A(0,0)$，$B(2,-1)$，$C(4,2)$，$D(2,3)$ 为顶点的四边形是平行四边形.

证明： 直线 AB、CD、BC、DA 的斜率分别为

$$k_{AB}=-\frac{1}{2},\ k_{CD}=-\frac{1}{2},$$

$$k_{BC}=\frac{3}{2},\ k_{DA}=\frac{3}{2},$$

因为 $k_{AB}=k_{CD}$，$k_{BC}=k_{DA}$，

所以 $AB/\!/CD$，$BC/\!/DA$.

即四边形 $ABCD$ 是平行四边形（图 8.3.2）.

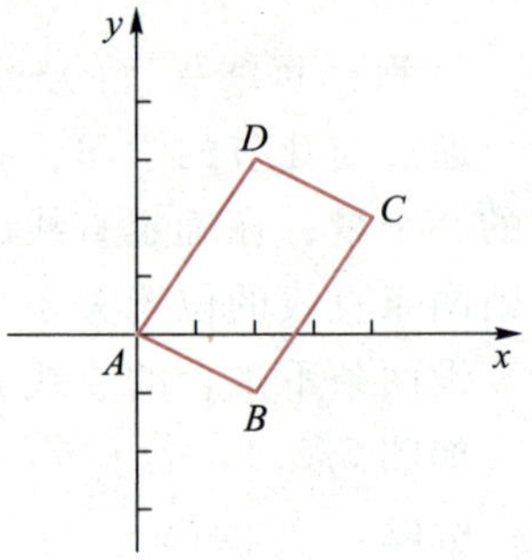

图 8.3.2

例 3 求过点 $A(1,3)$ 且平行于直线 $y=x+1$ 的直线的方程.

解法 1： ∵ 直线 $y=x+1$ 的斜率是 1，

∴ 所求直线的斜率也是 1，

∴ 所求直线的方程是：$y-3=1\cdot(x-1)$，

即 $x-y+2=0$.

解法 2： 设所求直线为 $y=x+b$，

∵ 点 $A(1,3)$ 在直线 $y=x+b$ 上，

∴ $3=1+b$，

∴ $b=2$，

∴ 所求直线的方程是：$y=x+2$，

即 $x-y+2=0$.

练习 8.3.1

1. 判断下列各对直线是否平行：

（1）$y=3x+4$ 与 $2y-6x+1=0$；

（2）$y-x=0$ 与 $3x-3y-10=0$；

（3）$3x+4y-5=0$ 与 $6x+8y=3$.

2. 求过点 A 且平行于直线 l 的直线方程：

（1）$A(2,\ 3)$，l：$x-2y-3=0$；

（2）$A(8,\ -2)$，l：$3x+4y-12=0$.

3. 已知 $A(2,\ -3)$、$B\left(5,\ -\frac{7}{2}\right)$、$C(2,\ 3)$、$D(-4,\ 4)$，求证：$ABCD$ 是梯形.

2. 两条直线垂直的充要条件

两条直线 l_1、l_2，倾斜角 α_1、α_2（α_1、$\alpha_2 \neq 90°$）.

若 $l_1 \perp l_2$（图 8.3.3），易知 $\alpha_1 \neq \alpha_2$.

由三角形的外角等于其不相邻两内角之和，可得

$$\alpha_2 = 90° + \alpha_1.$$

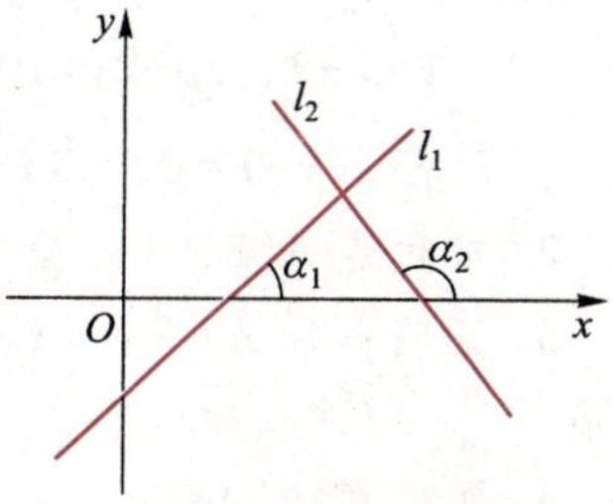

图 8.3.3

由 l_1、l_2 的斜率分别为 k_1、k_2 且 $\alpha_2 \neq 90°$ 可知

$$\tan\alpha_2 = \tan(90° + \alpha_1) = -\frac{1}{\tan\alpha_1},$$

即 $$k_2 = -\frac{1}{k_1},$$

亦即 $$k_1 \cdot k_2 = -1.$$

反过来，如果 $k_1 \cdot k_2 = -1$，则 k_1、k_2 符号相反.

不妨设 k_2 是正数，则 k_1 为负数，

∴　$k_2 = -\frac{1}{k_1}$,

∴　$\tan\alpha_2 = -\frac{1}{\tan\alpha_1} = \tan(90° + \alpha_1)$,

∴　$\alpha_2 = 90° + \alpha_1$,

∴　$l_1 \perp l_2$.

也就是说，若两条直线斜率存在，且它们互相垂直，则它们的斜率之积等于 -1；反之，若它们的斜率之积等于 -1，则它们互相垂直. 于是，有

$$l_1 \perp l_2 \Leftrightarrow k_1 \cdot k_2 = -1.$$

例 4　已知 $A(-3,\ 0)$，$B(3,\ 6)$，$C(0,\ 0)$，$D(6,\ -6)$. 判断直线 AB、CD 的位置关系.

解： ∵　$k_{AB} = 1$，$k_{CD} = -1$,

∴　$k_{AB} \cdot k_{CD} = 1 \times (-1) = -1$,

∴　$AB \perp CD$.

例 5　求过点 $P(2,\ 3)$ 且与直线 l：$2x+y-3=0$ 垂直的直线的方程.

解： ∵　直线 l 的斜率 $k=-2$.

∴　所求直线的斜率 $k_1 = \frac{1}{2}$.

由直线的点斜式方程得所求直线的方程为

$$y-3=\frac{1}{2}(x-2),$$

即

$$x-2y+4=0.$$

练习 8.3.2

1. 判断下列各对直线是否垂直：

(1) $2x+y+3=0$，$x-2y-7=0$；

(2) $y=x+3$，$3x-2y+10=0$；

(3) $\sqrt{3}x-y-1=0$，$\sqrt{3}x+3y+6=0$.

2. 求过点 $A(2, 3)$ 且与直线 $x-2y-1=0$ 垂直的直线方程.

3. 证明：以 $A(5, -1)$、$B(1, 1)$、$C(2, 3)$ 为顶点的三角形是直角三角形.

3. 两条直线的交点

已知两条直线

$$l_1:\ A_1x+B_1y+C_1=0,$$
$$l_2:\ A_2x+B_2y+C_2=0$$

是相交的关系，如何利用这两条直线的方程求出它们的交点坐标呢？

设 $P(x_0, y_0)$ 是这两条直线的交点，则 $P(x_0, y_0)$ 既是 l_1 上的点，也是 l_2 上的点，所以

$$A_1x_0+B_1y_0+C_1=0,$$

且

$$A_2x_0+B_2y_0+C_2=0,$$

所以 $P(x_0, y_0)$ 是方程组$\begin{cases}A_1x+B_1y+C_1=0,\\A_2x+B_2y+C_2=0\end{cases}$的解.

反之，若 $P(x_0, y_0)$ 是方程组$\begin{cases}A_1x+B_1y+C_1=0,\\A_2x+B_2y+C_2=0\end{cases}$的解，则 $P(x_0, y_0)$ 既是 l_1 上的点，也是 l_2 上的点，即 $P(x_0, y_0)$ 是 l_1、l_2 的公共点（交点）.

所以，求两条直线的交点，只需将两条直线的方程联立，构成方程组

$$\begin{cases}A_1x+B_1y+C_1=0,\\A_2x+B_2y+C_2=0,\end{cases}$$

求此方程组的解.

如果这个方程组有唯一解，那么这两条直线相交，这组唯一的公共解就是两条直线交点的坐标；如果这个方程组无解，那么这两条直线就没有公共点，即两条直线平行；如果这个方程组有无数组解，那么这两条直线重合.

例 6 求下列两条直线的交点坐标：

$$l_1:\ x-2y+2=0,$$
$$l_2:\ 2x-y-2=0.$$

解：解方程组

$$\begin{cases}x-2y+2=0,\\2x-y-2=0,\end{cases}$$

得

$$\begin{cases}x=2,\\y=2.\end{cases}$$

所以，交点坐标是 $M(2,\ 2)$

例 7　判断下列各对直线的位置关系，如果相交，求出交点坐标：

（1）l_1：$x-y=0$，　l_2：$3x+3y-12=0$；

（2）l_1：$3x-y+4=0$，l_2：$9x-3y-1=0$；

（3）l_1：$x+y-5=0$，l_2：$3x+3y-15=0$.

解：（1）解方程组

$$\begin{cases}x-y=0,\\3x+3y-12=0,\end{cases}$$

得

$$\begin{cases}x=2,\\y=2,\end{cases}$$

因此，l_1、l_2 相交，交点是 $P(2,\ 2)$.

（2）解方程组

$$\begin{cases}3x-y+4=0,\\9x-3y-1=0,\end{cases}$$

得 $13=0$，矛盾. 方程组无解. 因此，l_1、l_2 平行.

（3）解方程组

$$\begin{cases}x+y-5=0,\\3x+3y-15=0,\end{cases}$$

两方程可化为同一个方程，即两个方程表示同一条直线，因此，l_1、l_2 重合.

练习　8.3.3

1. 求下列各对直线的交点坐标：

（1）l_1：$x+y-1=0$，l_2：$2x-y+4=0$；

（2）l_1：$3x-4y+7=0$，l_2：$x=3y$；

（3）l_1：$3x+4y-2=0$，l_2：$2x+y+2=0$.

2. 判断下列各对直线的位置关系，如果相交，求出交点坐标：

（1）l_1：$2x-3y=7$，l_2：$4x+2y=0$；

（2）l_1：$x-3y+2=0$，l_2：$3x-9y+4=0$；

（3）l_1：$2x+y-1=0$，l_2：$8x+4y-4=0$.

第四节 点到直线的距离

1. 点到直线的距离

已知点 $P_0(x_0, y_0)$，直线 l：$Ax+By+C=0$. 如何求点 P_0 到直线 l 的距离？

如图 8.4.1，点 P_0 到直线 l 的距离，就是点 P_0 到直线 l 的垂线段 P_0Q 的长（垂足为 Q）.

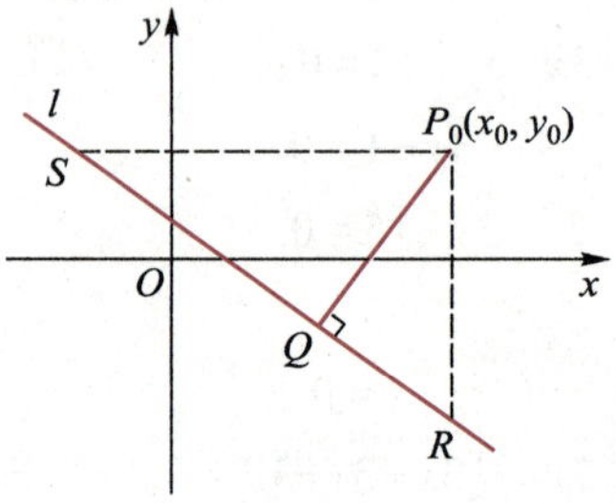

图 8.4.1

设 $A\neq0$，$B\neq0$，则直线 l 与 x、y 轴均不平行.

过点 P_0 分别作 x 轴、y 轴的垂线，交直线 l 于 R、S，则 $R\left(x_0, -\dfrac{Ax_0+C}{B}\right)$、$S\left(-\dfrac{By_0+C}{A}, y_0\right)$，于是，有

$$|P_0R|=\left|y_0-\left(-\frac{Ax_0+C}{B}\right)\right|=\frac{|Ax_0+By_0+C|}{|B|},$$

$$|P_0S|=\left|x_0-\left(-\frac{By_0+C}{A}\right)\right|=\frac{|Ax_0+By_0+C|}{|A|},$$

$$|RS|=\sqrt{|P_0R|^2+|P_0S|^2}=\frac{\sqrt{A^2+B^2}}{|AB|}|Ax_0+By_0+C|.$$

设 $|P_0Q|=d$，由 $\triangle P_0RS$ 的面积公式得

$$d\cdot|RS|=|P_0R|\cdot|P_0S|,$$

即

$$d=\frac{|Ax_0+By_0+C|}{\sqrt{A^2+B^2}}.$$

所以，点 P_0 到直线 l：$Ax+By+C=0$ 的距离为

$$d=\frac{|Ax_0+By_0+C|}{\sqrt{A^2+B^2}}.$$

例 1 求下列点到直线的距离：

（1）$O(0, 0)$，l：$3x+2y-26=0$；

（2）$P(-1, 2)$，l：$2x+y-10=0$.

解：（1）由点到直线的距离公式得

$$d=\frac{|3\times0+2\times0-26|}{\sqrt{3^2+2^2}}=\frac{26}{\sqrt{13}}=2\sqrt{13};$$

（2）由点到直线的距离公式得

$$d=\frac{|2\times(-1)+1\times2-10|}{\sqrt{2^2+1^2}}=\frac{10}{\sqrt{5}}=2\sqrt{5}.$$

练习 8.4.1

1. 求原点到下列直线的距离：

（1）$3x=2$；

（2）$3x-4y=25$.

2. 求下列点到直线的距离：

（1）$A(1,0)$，l：$\sqrt{3}x+y-\sqrt{3}=0$；

（2）$B(3,-3)$，l：$x=y$；

（3）$C(-2,3)$，l：$3x+4y+3=0$.

2. 两条平行线间的距离

已知直线 $l_1 /\!/ l_2$，如何求 l_1 与 l_2 间的距离？

两条平行线间的距离是指夹在两条平行线间的公垂线段的长度.

因为两条平行线间的公垂线段有无数条，且都相等，所以两条平行线间的距离就是两直线中任意一直线上的任一点到另一直线的距离. 因此，求两条平行线间的距离只需在其中一条直线上取一点，然后求该点到另一条直线的距离即可.

例 2　直线 l_1：$x-3y-5=0$，l_2：$2x-6y+10=0$. 判断 l_1，l_2 是否平行？如果平行，求 l_1，l_2 间的距离.

解：因为 l_1 的斜率为 $k_1=\frac{1}{3}$，l_2 的斜率为 $k_2=\frac{1}{3}$，所以 $k_1=k_2$，又因为 $b_1\neq b_2$，所以 $l_1 /\!/ l_2$.

在 l_1 上取一点 $M(5,0)$，那么点 M 到直线 l_2 的距离是

$$d=\frac{|2\times5-6\times0+10|}{\sqrt{2^2+6^2}}=\frac{20}{\sqrt{40}}=\sqrt{10},$$

即 l_1，l_2 间的距离为 $\sqrt{10}$.

练习 8.4.2

求下列两条平行线间的距离：

（1）$2x+3y-8=0$，$2x+3y+18=0$；

（2） $x-2y-4=0$，$2x-4y+5=0$；

（3） $3x+4y=20$，$3x+4y=0$.

第五节 曲线与方程

1. 曲线和方程

在前面的学习里，我们研究了直线的方程，了解到一方面：直线都可以用一个二元一次方程来表示；另一方面：每个二元一次方程都表示一条直线. 那么其他形式的曲线与其他类型的方程是否也有这样的对应关系呢？

下面我们进一步讨论一般曲线（包括直线）和方程的关系.

我们知道 $y=x^2$ 的图像是关于 y 轴对称的抛物线，这条抛物线是由所有以方程 $y=x^2$ 的解为坐标的点组成的. 也就是说如果 $A(x_0, y_0)$ 是抛物线上的点，那么 (x_0, y_0) 一定是方程的解；反过来，如果 (x_0, y_0) 是 $y=x^2$ 的解，那么以 (x_0, y_0) 为坐标的点一定在这条抛物线上. 这时，我们把 $y=x^2$ 叫这条抛物线的方程（图 8.5.1）.

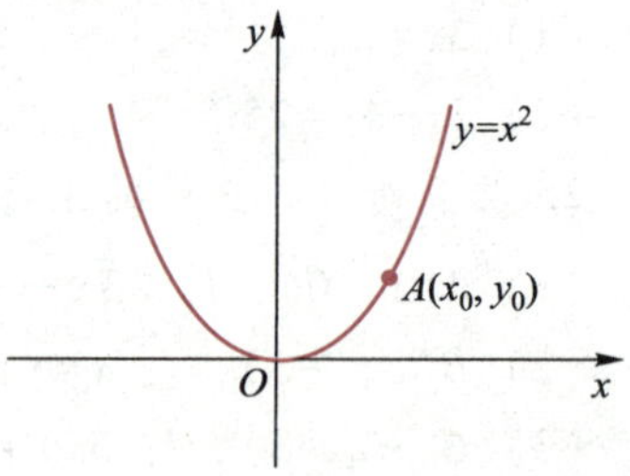

图 8.5.1

一般地，在直角坐标系中，如果某曲线上的点与一个二元方程 $F(x, y)=0$ 的解建立了如下关系：

（1） 曲线上的点的坐标都是方程 $F(x, y)=0$ 的解；

（2） 以方程 $F(x, y)=0$ 的解为坐标的点都是曲线上的点，

那么，这个方程叫做这条**曲线的方程**；这条曲线叫做这个**方程的曲线**.

由曲线方程定义可知，若曲线的方程是 $F(x, y)=0$，则点 $A(x_0, y_0)$ 在曲线上的充分必要条件是 $F(x_0, y_0)=0$.

例 1 证明以原点为圆心，以 3 为半径的圆的方程是 $x^2+y^2=9$，并判断 $A_1(2, 1)$、$A_2(3, 0)$ 是否在这个圆上.

证明：（1） 设 $A(x_0, y_0)$ 是圆上任一点，则点 A 到原点的距离等于 3，所以

$$\sqrt{x_0^2+y_0^2}=3,$$

化简得

$$x_0^2+y_0^2=9.$$

即 (x_0, y_0) 是方程 $x^2+y^2=9$ 的解.

（2） 设 (x_0, y_0) 是方程 $x^2+y^2=9$ 的解，那么 $x_0^2+y_0^2=9$. 两边开方取算术根得

$$\sqrt{x_0^2+y_0^2}=3,$$

即点 $A(x_0, y_0)$ 到原点的距离等于 3，点 $A(x_0, y_0)$ 是这个圆上的点.

由（1）和（2）知，$x^2+y^2=9$ 是以原点为圆心、以 3 为半径的圆的方程.

把 $A_1(2, 1)$ 的坐标代入方程 $x^2+y^2=9$，左右不相等，所以 A_1 不在这个圆上；把点 $A_2(3, 0)$ 代入 $x^2+y^2=9$，左边等于右边，所以 A_2 在这个圆上（图 8.5.2）.

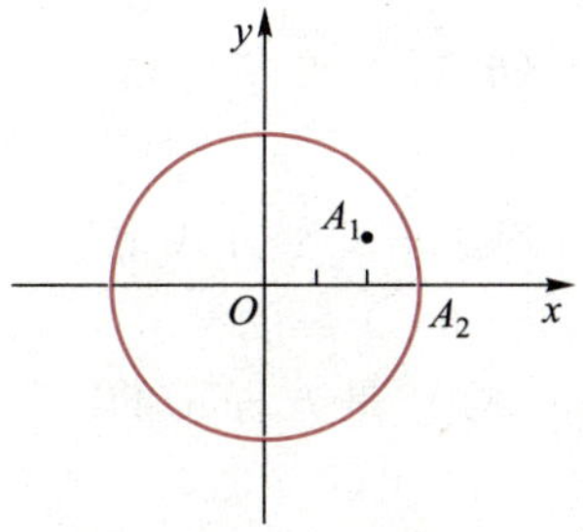

图 8.5.2

练习 8.5.1

1. 判断方程 $y=x^2+2x$ 所表示的曲线是否经过 $A(0,0)$、$B(-1,3)$、$C(-\sqrt{3},1)$ 三点?

2. 点 $A(1,-2)$、$B(2,-3)$、$C(3,10)$ 是否在方程 $x^2-xy+2y+1=0$ 的图形上?

3. 若方程 $ax^2+by^2=25$ 的曲线经过 $A(1,1)$ 和 $B\left(0,\dfrac{5}{3}\right)$,求 a、b 的值.

2. 求曲线的方程

我们可以把曲线看成满足某种条件的点的集合(轨迹),由以上讨论和研究可以看出,可以用曲线上的点的坐标 (x,y) 所满足的方程 $F(x,y)=0$ 表示曲线.于是利用曲线与方程之间的这种对应关系,就可以通过研究方程的性质间接地研究曲线的性质,我们把这种借助坐标系,通过研究方程以及方程之间的关系来研究几何图形的方法叫做坐标法.在数学中,用坐标法研究几何图形的知识形成了一门学科——解析几何.所以,解析几何的实质就是用代数的方法研究几何问题.

平面解析几何研究的主要问题:

(1) 由已知条件,求表示此平面曲线的方程;

(2) 利用方程,研究平面曲线的性质.

下面,我们通过几个实例来说明如何求曲线的方程.

例 2 A、B 两点的坐标是 $(2,-1)$、$(1,3)$,求线段 AB 的垂直平分线的方程.

解: 设线段 AB 的垂直平分线上任一点 $M(x,y)$,如图 8.5.3,则点 M 属于集合 $P=\{M \mid |MA|=|MB|\}$,由两点间的距离公式,点 M 所适合的条件可表示为

$$\sqrt{(x-2)^2+(y+1)^2}=\sqrt{(x-1)^2+(y-3)^2}.$$

将上式两边平方后,整理得

$$2x-8y+5=0. \quad ①$$

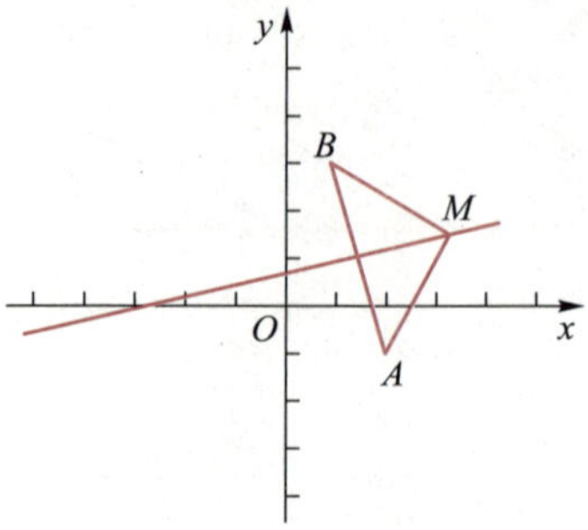

图 8.5.3

我们证明方程①是线段 AB 的垂直平分线方程.

(1) 由求方程①的过程可知，垂直平分线上的每一点坐标都是方程①的解；

(2) 设点 M_1 的坐标 (x_1, y_1) 是方程①的解，即

$$2x_1-8y_1+5=0,$$

$$x_1=4y_1-\frac{5}{2}.$$

点 M_1 到 A、B 距离分别是

$$|M_1A|=\sqrt{(x_1-2)^2+(y_1+1)^2}$$
$$=\sqrt{\left(4y_1-\frac{9}{2}\right)^2+(y_1+1)^2}$$
$$=\sqrt{17\left(y_1^2-2y_1+\frac{5}{4}\right)},$$
$$|M_1B|=\sqrt{(x_1-1)^2+(y_1-3)^2}$$
$$=\sqrt{\left(4y_1-\frac{7}{2}\right)^2+(y_1-3)^2}$$
$$=\sqrt{17\left(y_1^2-2y_1+\frac{5}{4}\right)}.$$

所以 $|M_1A|=|M_1B|$.

即点 M_1 在线段 AB 的垂直平分线上.

综上所述，方程①是线段 AB 的垂直平分线的方程.

求曲线的方程，一般按照下面几个步骤进行：

(1) 判断是否存在坐标系，若没有就需要建立适当的坐标系，设曲线上任一点 M 的坐标是 (x, y)；

(2) 写出适合条件（由题意）的点的集合 $P=\{M \mid M$ 满足的条件$\}$；

(3) 用坐标把条件转化成方程 $F(x, y)=0$；

(4) 化简方程；

(5) 证明以化简后的方程的解为坐标的点都是曲线上的点.

一般情况下，化简前后方程的解集没有发生变化，证明的过程 (5) 可以省略不写. (2) 也可以省略不写.

例 3 已知一曲线在 x 轴上方，它上面的每点到点 $N(0, 2)$ 的距离与它到 x 轴的距离之差都是 2，求此曲线的方程.

解： 设 $M(x, y)$ 是曲线上任一点，过 M 点作 $MQ \perp x$ 轴，Q 为垂足，如图 8.5.4.

由两点间距离公式，点 M 满足的条件可表示为

$$\sqrt{x^2+(y-2)^2}-y=2,$$

将上式移项后再两边平方，得

$$x^2+(y-2)^2=(y+2)^2.$$

化简得

$$y=\frac{1}{8}x^2.$$

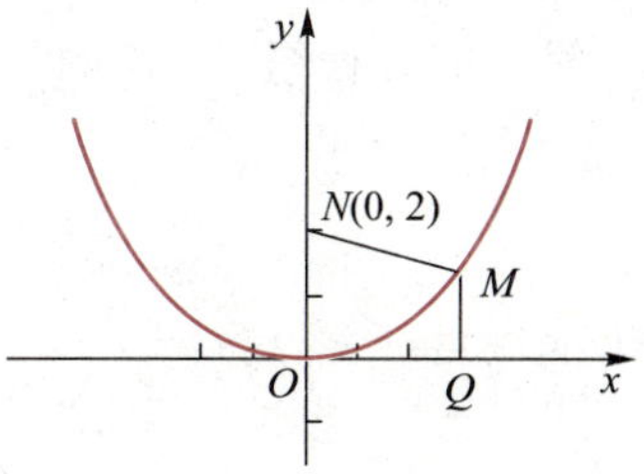

图 8.5.4

由于曲线在 x 轴上方，$y>0$，虽然原点 O 的坐标（0，0）是方程 $y=\frac{1}{8}x^2$ 的解，但它不属于已知曲线，所以曲线的方程是 $y=\frac{1}{8}x^2$（$x\neq0$）.

练习 8.5.2

1. 已知点 M 到 x 轴，y 轴的距离之积为 1，求点 M 的轨迹方程.
2. 求到坐标原点距离等于 2 的轨迹方程.
3. 点 M 到点 $A(-4, 0)$ 与点 $B(4, 0)$ 的距离之和为 10. 求点 M 的轨迹方程.

3. 曲线的交点

由曲线方程的定义可知，曲线交点的坐标是两曲线方程的公共实数解，即两个曲线方程组成的方程组的实数解. 所以求曲线交点问题，就是求它们的方程所组成的方程组的实数解问题，方程组有几个实数解，曲线就有几个交点；方程组没有实数解，曲线就没有交点.

例 4　求直线 $x-3y+2=0$ 与曲线 $y=\frac{1}{x}$ 的交点.

解： 解方程组

$$\begin{cases} x-3y+2=0, & ① \\ y=\dfrac{1}{x}, & ② \end{cases}$$

把②代入①整理得

$$x^2+2x-3=0,$$

解得

$$x_1=-3,\ x_2=1,$$

所以

$$y_1=-\frac{1}{3},\ y_2=1,$$

所以，交点坐标是 $\left(-3, -\frac{1}{3}\right)$、(1，1).

例 5 求直线 $x-y+1=0$ 和圆 $x^2+y^2=25$ 的交点.

解：解方程组

$$\begin{cases}x-y+1=0, & ①\\ x^2+y^2=25, & ②\end{cases}$$

由①求得

$$y=x+1 \quad ③$$

把③代入②得

$$x^2+(x+1)^2=25,$$

$$x^2+x-12=0,$$

$$x_1=3,\ x_2=-4,$$

所以

$$y_1=4,\ y_2=-3.$$

所以交点坐标分别是 (3, 4)、(−4, −3).

练习 8.5.3

1. 已知直线 $y=x+\frac{3}{2}$ 与曲线 $y=\frac{1}{2}x^2$，求 (1) 直线与曲线的交点；(2) 直线被曲线截得的线段长.

2. 求两曲线 $x^2+y^2+3x-y=0$ 和 $3x^2+3y^2+2x+y=0$ 的交点.

第六节 圆的方程

1. 圆的标准方程

操作与思考：取一根没有弹性的细绳，一端固定在图板上，另一端绑上铅笔，拉紧绳子，移动笔尖，笔尖（动点）画出的图形（轨迹）是什么曲线？笔尖（动点）在移动过程中满足什么条件？

注意

在操作的过程中要把绳子拉紧.

显然，笔尖移动过程中，笔尖（动点）到定点的长度保持不变，即动点到定点的距离始终等于定长.

我们把平面内到定点的距离等于定长的点的集合（轨迹）叫做圆. 定点叫圆心，定长叫半径. 如图 8.6.1.

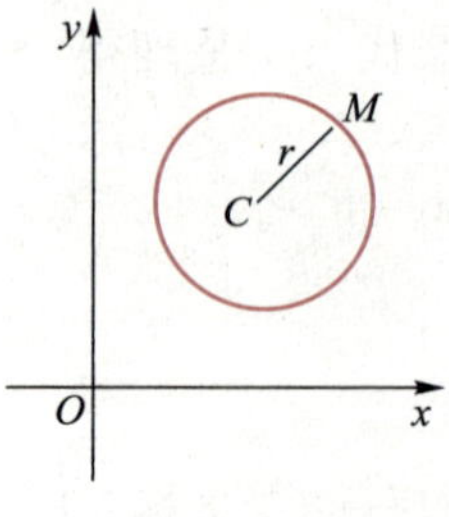

图 8.6.1

设 $M(x, y)$ 是圆心为 $C(a, b)$、半径为 r 的圆上的任一点，则 $M(x, y)$ 与圆心 $C(a, b)$ 的距离就是 r，所以圆就是集合

$$P=\{M \mid |MC|=r\}.$$

由两点间的距离公式，点 M 适合的条件可以表示为

$$\sqrt{(x-a)^2+(y-b)^2}=r, \qquad ①$$

①式两边平方得到

$$(x-a)^2+(y-b)^2=r^2. \qquad ②$$

我们把方程②称为以 $C(a, b)$ 为圆心、以 r 为半径的圆的**标准方程**.

例 1　求以 $O(0, 0)$ 为圆心、半径长等于3的圆的方程，并判断点 $M(-\sqrt{3}, 1)$、$N(3, 4)$、$Q(0, 3)$ 是在圆上、在圆外、还是在圆内.

解：如图 8.6.2，圆心是 $O(0, 0)$ 半径等于 3 的圆的标准方程是

$$(x-0)^2+(y-0)^2=3^2,$$

即

$$x^2+y^2=9,$$

分别计算点 $M(-\sqrt{3}, 1)$、$N(3, 4)$、$Q(0, 3)$ 与圆心 $O(0, 0)$ 的距离，得

$$|OM|=\sqrt{(-\sqrt{3}-0)^2+(1-0)^2}=2<3,$$

$$|ON|=\sqrt{(3-0)^2+(4-0)^2}=5>3,$$

$$|OQ|=\sqrt{(0-0)^2+(3-0)^2}=3.$$

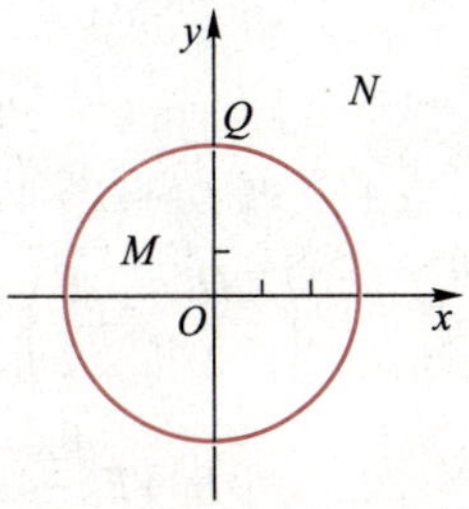

图 8.6.2

因此，点 M 在圆内，点 N 在圆外，点 Q 在圆上.

例 2　已知两点 $M_1(4, 3)$ 和 $M_2(6, 9)$，求以 M_1、M_2 为直径的圆的方程.

解：由已知可得圆心 $C(a, b)$ 是 M_1、M_2 的中点，所以

$$a=\frac{4+6}{2}=5,\ b=\frac{3+9}{2}=6.$$

根据两点间的距离公式，可求得圆的半径

$$r=\frac{1}{2}|M_1M_2|=\frac{1}{2}\sqrt{(6-4)^2+(9-3)^2}=\sqrt{10}.$$

因此，所求圆的方程是

$$(x-5)^2+(y-6)^2=10.$$

练习 8.6.1

1. 写出下列各圆的方程.

(1) 圆心在原点，半径长是 5；

(2) 圆心在点 $C(3, 4)$，半径长是 6；

(3) 圆心在点 $C(8, -3)$，经过点 $P(4, 0)$；

(4) 圆心在点 $C(3, -2)$，半径长是 4.

2. 一个圆过点 $(6, 0)$ 且与 y 轴切于原点，求这个圆的方程，并判断点 $M(1, 2)$、$N(2, 3)$、$Q(3, 3)$ 是在圆内、圆外、还是在圆上.

2. 圆的一般方程

把圆的标准方程

$$(x-a)^2+(y-b)^2=r^2$$

展开，得

$$x^2+y^2-2ax-2by+a^2+b^2-r^2=0.$$

可见，任何一个圆的方程都可以写成下面的形式

$$x^2+y^2+Dx+Ey+F=0. \quad ①$$

反过来，方程 $x^2+y^2+Dx+Ey+F=0$ 是否一定表示圆呢？

我们将①的左边配方，得

$$\left(x+\frac{D}{2}\right)^2+\left(y+\frac{E}{2}\right)^2=\frac{D^2+E^2-4F}{4}. \quad ②$$

（1）当 $D^2+E^2-4F>0$ 时，把方程②与圆的标准方程相比较，可以看出方程①表示以 $\left(-\frac{D}{2}, -\frac{E}{2}\right)$ 为圆心，半径长为 $\frac{1}{2}\sqrt{D^2+E^2-4F}$ 的圆；

（2）当 $D^2+E^2-4F=0$ 时，方程①只有实数解 $x=-\frac{D}{2}$，$y=-\frac{E}{2}$，它表示一个点 $\left(-\frac{D}{2}, -\frac{E}{2}\right)$.

（3）当 $D^2+E^2-4F<0$ 时，方程①没有实数解，它不表示任何图形.

因此，当 $D^2+E^2-4F>0$ 时，方程①表示一个圆，我们把方程①叫做**圆的一般方程**.

注意

圆的标准方程的优点在于它明确地指出了圆心和半径，而一般方程则突出了方程式形式上的两个特点：

（1）x^2 和 y^2 系数相同且不等于 0；

（2）没有 xy 这样的二次项.

根据已知条件求圆的一般方程，只需求出三个系数 D、E、F 即可.

例 3　下列方程表示什么图形？

（1）$x^2+y^2+2x-4y-4=0$；

（2）$x^2+y^2-6x=0$.

解：（1）原方程可化为

$$(x+1)^2+(y-2)^2=9,$$

所以，此方程表示以（-1，2）为圆心、半径长为 3 的圆；

（2）原方程可化为

$$(x-3)^2+y^2=9,$$

所以，此方程表示以（3，0）为圆心、半径长为 3 的圆.

例 4　求过三点 $O(0, 0)$、$A(1, 1)$、$B(4, 2)$ 的圆的方程，并求这个圆的圆心坐标和半径.

分析：求圆的方程可用待定系数法，根据条件列出关于 D、E、F 的方程组，

求出 D、E、F 即可.

解：设圆的方程为

$$x^2+y^2+Dx+Ey+F=0, \quad ①$$

因为 O、A、B 三点均在圆上，所以它们的坐标都是方程①的解，将它们的坐标分别代入方程①，得到关于 D、E、F 的一个三元一次方程组

$$\begin{cases} F=0, \\ D+E+F+2=0, \\ 4D+2E+F+20=0, \end{cases}$$

解之得

$$D=-8,\ E=6,\ F=0.$$

于是得到所求圆的方程

$$x^2+y^2-8x+6y=0.$$

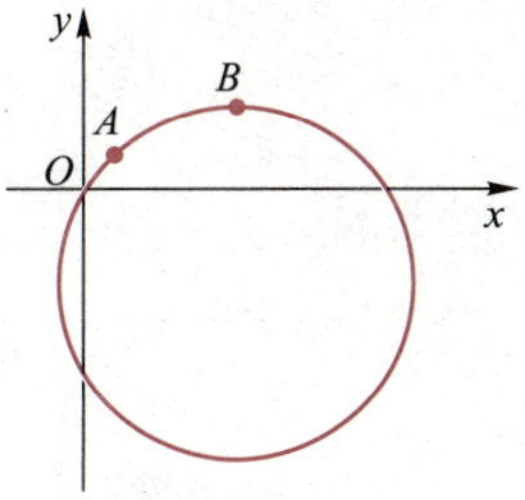

图 8.6.3

此圆的圆心坐标是（4，-3），半径 $r=\frac{1}{2}\sqrt{D^2+E^2-4F}=5$（图 8.6.3）.

练习 8.6.2

1. 求下列各方程表示的圆的圆心坐标和半径长：

（1）$x^2+y^2-6x=0$；（2）$x^2+y^2+2bx=0$；

（3）$x^2+y^2-2x+4y-6=0$；（4）$x^2+y^2-2ax-2by+3=0$.

2. 求过 $A(-1,5)$、$B(5,5)$、$C(6,-2)$ 三点的圆的方程.

3. 求过点 $M(5,1)$、圆心在 $C(8,-3)$ 的圆的一般方程.

3. 直线与圆的位置关系

通过初中平面几何的学习，我们知道直线与圆的位置关系有三种：相交、相切、相离，而且圆心到直线的距离与圆的半径之间的关系确定了直线与圆的位置关系.

设圆心到直线的距离是 d，圆的半径是 r，那么，

（1）当 $d=r$ 时，直线与圆相切；

（2）当 $d<r$ 时，直线与圆相交；

（3）当 $d>r$ 时，直线与圆相离.

下面我们尝试用代数的方法判断所给直线与已知圆的位置关系.

看下面的例子.

例 5 判断直线 l：$3x-4y+7=0$ 与圆 $x^2+y^2-2x-1=0$ 是相交、相切、还是相离？

解：圆 $x^2+y^2-2x-1=0$ 的圆心是 $C(1,0)$，半径是 $r=\sqrt{2}$，圆心 C 到直线 $3x-4y+7=0$ 的距离是

$$d=\frac{|3\times1-4\times0+7|}{\sqrt{3^2+(-4)^2}}=\frac{10}{5}=2.$$

因为 $d>r$，所以直线与圆相离（图 8.6.4）.

思考

直线$\sqrt{3}x-y+4=0$与圆 $x^2+y^2=9$ 是相交、相切、还是相离？

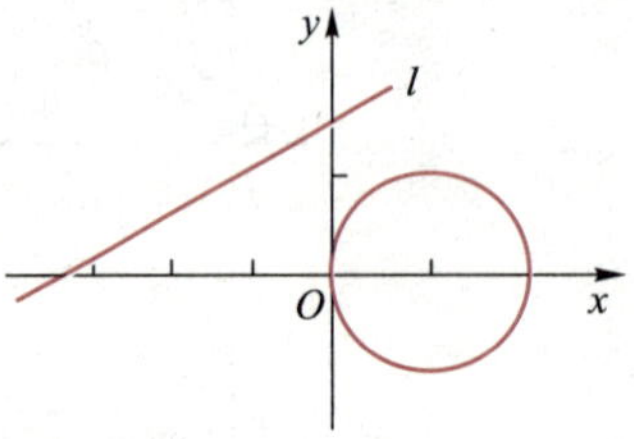

图 8.6.4

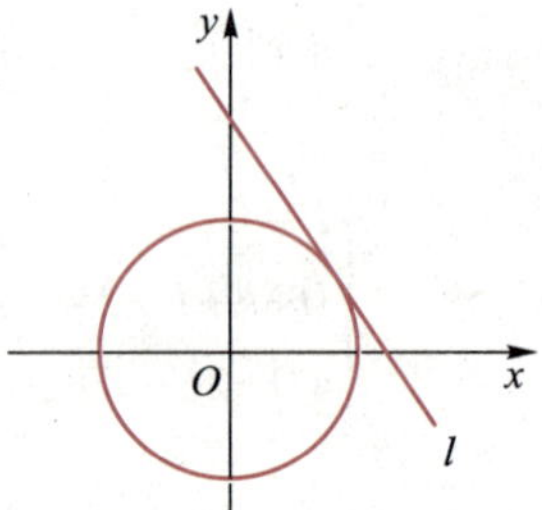

图 8.6.5

例 6 判断直线 l：$\sqrt{3}x-y+4=0$ 与圆 $x^2+y^2=4$ 是相交、相切、还是相离？

解：$x^2+y^2=4$ 的圆心是 $C(0,\ 0)$，半径是 $r=2$，圆心 C 到直线$\sqrt{3}x-y+4=0$ 的距离是

$$d=\frac{|\sqrt{3}\cdot0-1\cdot0+4|}{\sqrt{(\sqrt{3})^2+(-1)^2}}=\frac{4}{2}=2.$$

因为 $d=r$，所以直线与圆相切（图 8.6.5）.

例 7 求以 $C(1,\ 2)$ 为圆心、并且和直线 $3x+4y+14=0$ 相切的圆的方程.

分析：已知圆心是 $C(1,\ 2)$，只要求出圆的半径 r，就能写出圆的方程.

解：由圆 C 和直线 $3x+4y+14=0$ 相切可得，圆的半径 r 等于圆心 C 到这条直线的距离.

根据点到直线的距离公式，得

$$r=\frac{|3\times1+4\times2+14|}{\sqrt{3^2+4^2}}=5,$$

所以，所求圆的方程是

$$(x-1)^2+(y-2)^2=25.$$

例 8 已知圆的方程是 $x^2+y^2=25$，求经过圆上的一点 $M(3,\ 4)$ 的切线的方程.

解：如图 8.6.6，设切线的斜率为 k，半径 OM 的斜率为 k_1，因为圆的切线垂直于过切点的半径，所以

$$k=-\frac{1}{k_1}.$$

$$\because\quad k_1=\frac{4}{3},$$

$$\therefore\quad k=-\frac{3}{4}.$$

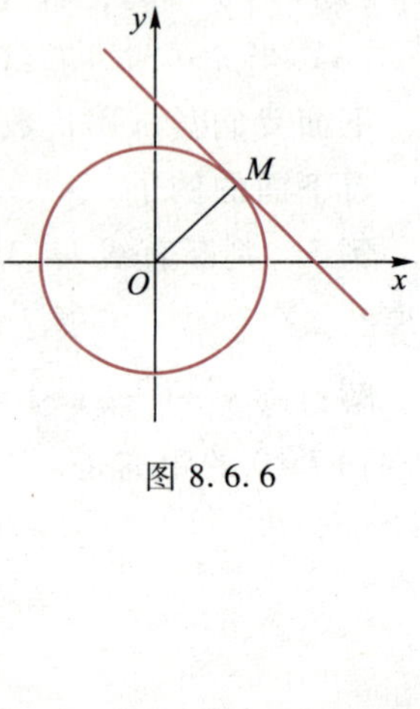

图 8.6.6

∴　经过点 $M(3, 4)$ 的切线方程是

$$y-4=-\frac{3}{4}(x-3),$$

化简得

$$3x+4y-25=0.$$

想一想

圆的方程是 $x^2+y^2=r^2$，与此圆相切并且切点是 $M(x_0, y_0)$ 的切线的方程有什么特征？

练习　8.6.3

1. 判断直线 $3x+4y+5=0$ 与圆 $x^2+y^2-4x+6y-17=0$ 是相交、相切、还是相离？
2. 判断直线 $2x-\sqrt{5}y+3=0$ 与圆 $x^2+y^2=2$ 是相交、相切、还是相离？
3. 判断直线 $x-y+1=0$ 与圆 $x^2+y^2-4y-12=0$ 是相交、相切、还是相离？
4. 求圆心是 $C(-2, 3)$ 并与直线 $4x+3y+9=0$ 相切的圆的方程.
5. 已知圆的方程为 $x^2+y^2=2$，当 b 为何值时，$y=x+b$ 与圆有两个交点、一个交点、没有交点？
6. 写出过圆 $x^2+y^2=25$ 上一点 $(-3, 4)$ 的切线方程.

第七节　椭圆的标准方程及其简单几何性质

1. 椭圆及其标准方程

椭圆及其标准方程

操作与思考：如图 8.7.1，取一根没有弹性的细绳子，把它的两端固定在图板上的 F_1 和 F_2 两点（绳长大于 $|F_1F_2|$），用铅笔尖把绳子拉紧，移动笔尖，画出的轨迹是什么曲线？曲线上的点满足什么条件？

移动笔尖过程中，细绳长度保持不变，即笔尖 M 点到两个定点 F_1 和 F_2 的距离之和等于常数.

我们把平面内与两个定点 F_1、F_2 距离之和等于常数（大于 $|F_1F_2|$）的点的轨迹叫做**椭圆**，这两个定点叫做椭圆的焦点，两焦点间的距离（$|F_1F_2|$）叫做椭圆的焦距.

根据椭圆的定义，我们可以求出椭圆的方程.

如图 8.7.2，取经过两焦点 F_1、F_2 的直线为 x 轴，以线段 F_1F_2 的垂直平分线为 y 轴，建立直角坐标系.

设 $M(x, y)$ 为椭圆上任意一点，椭圆的焦距为 $2c$ $(c>0)$，M 与 F_1、F_2 的距离之和等于正常数 $2a$，那么焦点 F_1、F_2 的坐标分别是 $(-c, 0)$、$(c, 0)$.

根据椭圆的定义，椭圆就是集合

$$P=\{M \mid |MF_1|+|MF_2|=2a\}.$$

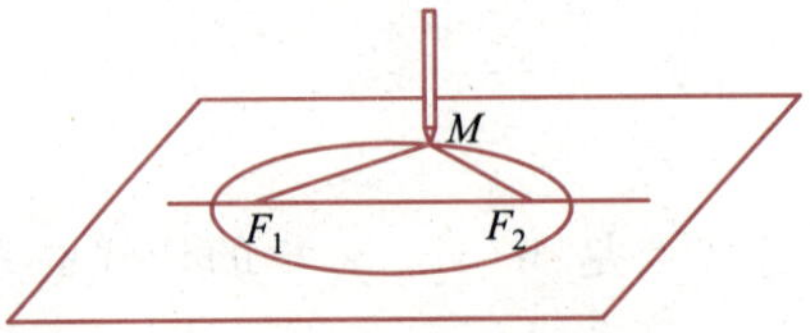

图 8.7.1

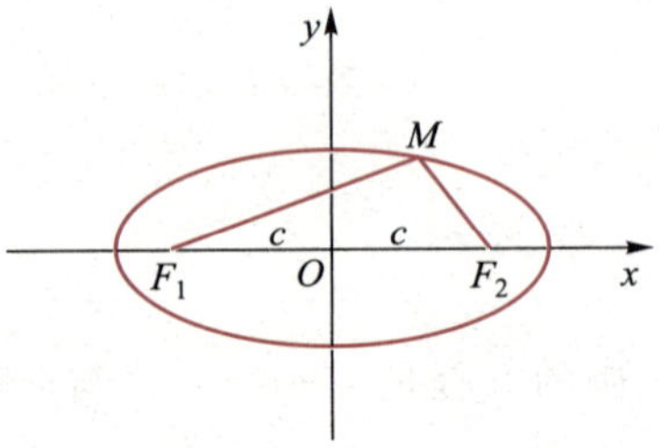

图 8.7.2

因为 $|MF_1|=\sqrt{(x+c)^2+y^2}$，$|MF_2|=\sqrt{(x-c)^2+y^2}$，

得方程

$$\sqrt{(x+c)^2+y^2}+\sqrt{(x-c)^2+y^2}=2a,$$

移项，两边平方，得

$$(x+c)^2+y^2=4a^2-4a\sqrt{(x-c)^2+y^2}+(x-c)^2+y^2,$$

整理得

$$a^2-cx=a\sqrt{(x-c)^2+y^2},$$

上式两边再平方，得

$$a^4-2a^2cx+c^2x^2=a^2x^2-2a^2cx+a^2c^2+a^2y^2,$$

整理得

$$(a^2-c^2)x^2+a^2y^2=a^2(a^2-c^2),$$

由椭圆定义知，$2a>2c$，即 $a>c$，所以 $a^2-c^2>0$. 设 $a^2-c^2=b^2$ $(b>0)$，则方程变为

$$b^2x^2+a^2y^2=a^2b^2,$$

两边除以 a^2b^2，得

$$\frac{x^2}{a^2}+\frac{y^2}{b^2}=1 \ (a>b>0).$$

这个方程叫做**椭圆的标准方程**. 它所表示的椭圆焦点在 x 轴上、焦点是 $F_1(-c, 0)$、$F_2(c, 0)$，其中 $c^2=a^2-b^2$.

注意

如果椭圆的焦点在 y 轴上，如图 8.7.3，则椭圆的焦点坐标是 $F_1(0, -c)$、$F_2(0, c)$，椭圆的方程是

$$\frac{y^2}{a^2}+\frac{x^2}{b^2}=1 \ (a>b>0).$$

这也是椭圆的标准方程. 同学们可以模仿焦点在 x 轴的情况自己去探讨.

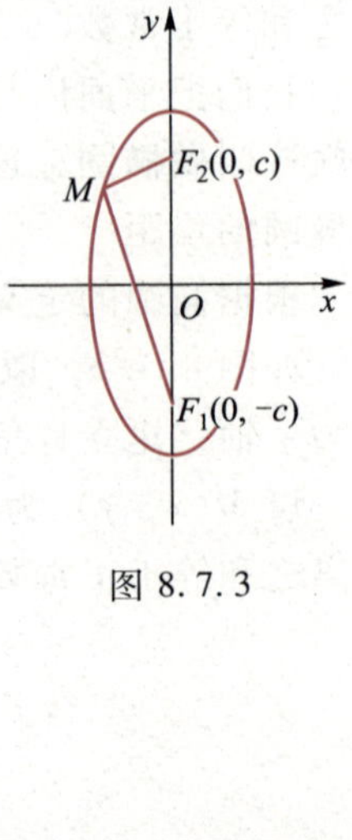

图 8.7.3

例 1　求以 $F_1(-3, 0)$ 和 $F_2(3, 0)$ 为焦点，到两焦点的距离和是 10 的椭圆的方程.

解： 因为 $F_1(-3, 0)$ 和 $F_2(3, 0)$ 是焦点，且 $2a=10$，所以有 $a=5$，$c=3$. 于是 $b^2=a^2-c^2=25-9=16$，即 $b=4$.

因此，这个椭圆的方程是

$$\frac{x^2}{5^2}+\frac{y^2}{4^2}=1,$$

即

$$\frac{x^2}{25}+\frac{y^2}{16}=1.$$

例 2　如图 8.7.4，在圆 $x^2+y^2=16$ 上任取一点 A，过点 A 作 x 轴垂线段 AB，B 为垂足，当点 A 在圆上运动时，线段 AB 的中点 M 的轨迹是什么图形？

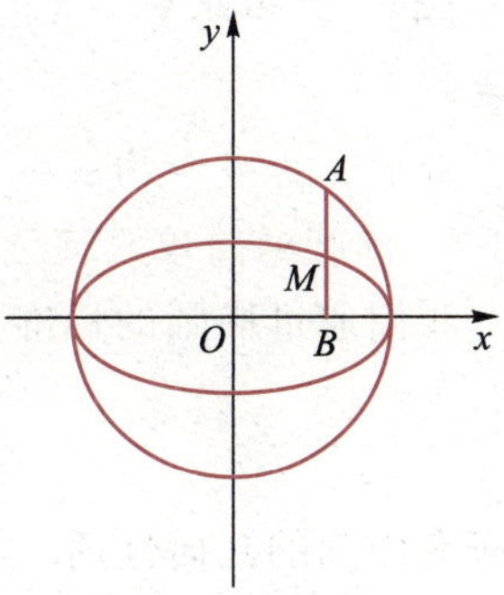

图 8.7.4

解： 设 M 的坐标为 (x, y)，点 A 的坐标为 (x_0, y_0)，则

$$x=x_0,\quad y=\frac{y_0}{2}.$$

因为 $A(x_0, y_0)$ 在圆 $x^2+y^2=16$ 上，所以

$$x_0^2+y_0^2=16. \qquad ①$$

将 $x_0=x$，$y_0=2y$ 代入方程①，得

$$x^2+4y^2=16,$$

即

$$\frac{x^2}{16}+\frac{y^2}{4}=1,$$

所以点 M 的轨迹是一个椭圆.

在上例中，先找出点 M 的坐标 x、y 与中间变量 x_0、y_0 之间的关系，然后代入已知的 x_0、y_0 所满足的方程，从而得到 x、y 所满足的方程. 这种利用中间变量求点的轨迹方程的方法是解析几何中常用的方法.

练习　8.7.1

1. 如果椭圆 $\frac{x^2}{100}+\frac{y^2}{36}=1$ 上一点 M 到焦点 F_1 的距离等于 6，那么点 M 到另一焦点 F_2 的距离是多少？

2. M 是椭圆 $\frac{x^2}{25}+\frac{y^2}{16}=1$ 上的一点，F_1、F_2 是这个椭圆的两个焦点，求三角形 MF_1F_2 的周长.

3. 求适合条件的椭圆的标准方程：

（1）$a=5$，$b=3$，焦点在 y 轴上；

（2）$a=10$，$c=6$，焦点在 x 轴上；

（3）$a=7$，$c=\sqrt{15}$；

（4）$a+b=10$，$c=2\sqrt{5}$，焦点在 x 轴上；

4. 许多的数学思想和对象可以通过折纸来证明或表示. 按照下列方法用纸折出一个椭圆.

（1）取一张圆形的纸；

（2）在圆的内部选择一个不是圆心的点，在该点的位置打上记号“●”号；

（3）折叠圆纸片，使圆的周界上有一点落在打点的地方；

（4）多次重复（3），绕着圆的周界一直做下去.

最后，折痕会构成一个椭圆的形状.

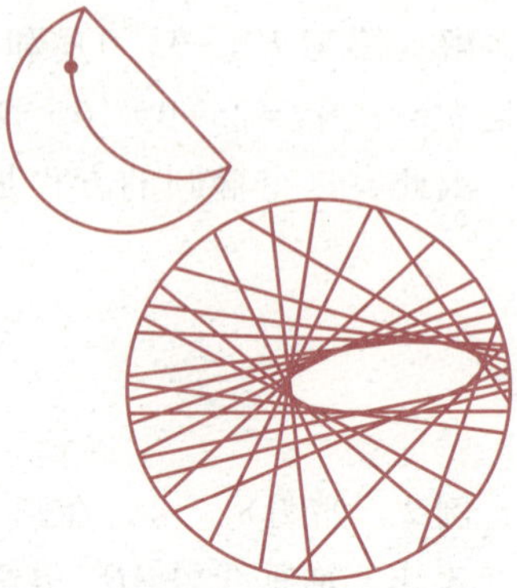

2. 椭圆的简单几何性质

我们通过椭圆的标准方程

$$\frac{x^2}{a^2}+\frac{y^2}{b^2}=1 \quad (a>b>0) \qquad ①$$

来研究椭圆的几何性质.

（1）范围

观察图 8.7.6，容易看出：椭圆上点的横坐标范围是 $-a \leqslant x \leqslant a$，纵坐标范围是 $-b \leqslant y \leqslant b$.

事实上，由方程①可知，

$$\frac{x^2}{a^2} \leqslant 1, \quad \frac{y^2}{b^2} \leqslant 1,$$

思考

观察图 8.7.5，你能从图中找出表示 a、b、c 这几个量的线段吗？

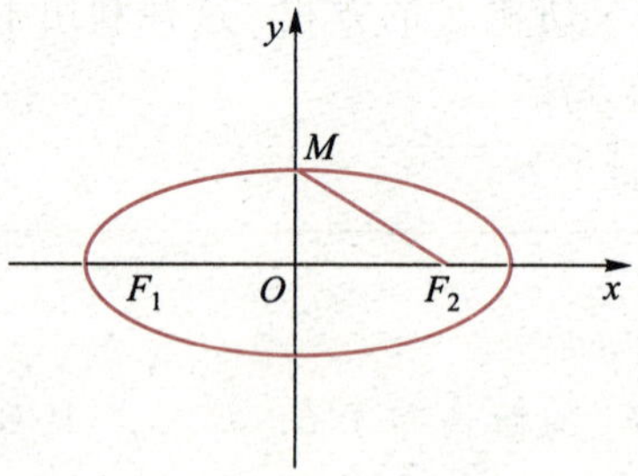

图 8.7.5

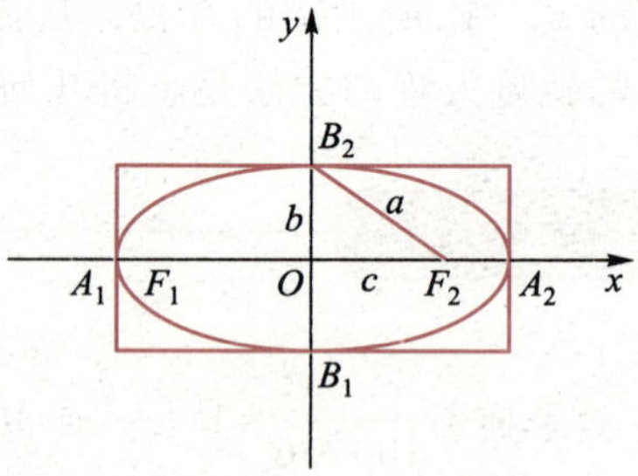

图 8.7.6

即

$$-a \leqslant x \leqslant a, \quad -b \leqslant y \leqslant b.$$

这说明椭圆位于直线 $x=\pm a$ 和 $y=\pm b$ 所围成的矩形里.

（2）对称性

观察椭圆的形状，可以发现椭圆既是轴对称图形，又是中心对称图形.

在椭圆方程中，以 $-x$ 代 x，以 $-y$ 代 y，同时以 $-x$、$-y$ 代换 x、y，方程都不

变，所以椭圆关于 y 轴、x 轴和原点都是对称的. 坐标轴是椭圆的**对称轴**，原点是椭圆的对称中心.

我们把椭圆的对称中心叫做**椭圆的中心**.

（3）顶点

在椭圆的标准方程中，令 $x=0$，得 $y=\pm b$，这说明 $B_1(0,\ -b)$、$B_2(0,\ b)$ 是椭圆与 y 轴的两个交点；同理令 $y=0$，得 $x=\pm a$，所以 $A_1(-a,\ 0)$、$A_2(a,\ 0)$ 是椭圆与 x 轴的两个交点，因为 x、y 轴是椭圆对称轴，所以椭圆与它的对称轴有四个交点，我们把这四个交点叫**椭圆的顶点**.

线段 A_1A_2、B_1B_2 分别叫椭圆的**长轴**、椭圆的**短轴**，它们的长分别等于 $2a$ 和 $2b$，a 和 b 分别叫椭圆的**长半轴长**和**短半轴长**.

（4）离心率

如图 8.7.7，椭圆 $\dfrac{x^2}{a^2}+\dfrac{y^2}{b^2}=1$ 的长半轴长 a，半焦距为 c，保持长半轴长不变，改变半焦距 c，我们可以发现：c 越接近 a，椭圆越扁平；c 越接近于 0，椭圆越接近于圆；$c=0$ 时 $a=b$，图形变为圆，方程变为 $x^2+y^2=a^2$. 所以，我们可以利用 c 和 a 这两个量，来刻画椭圆的扁平程度.

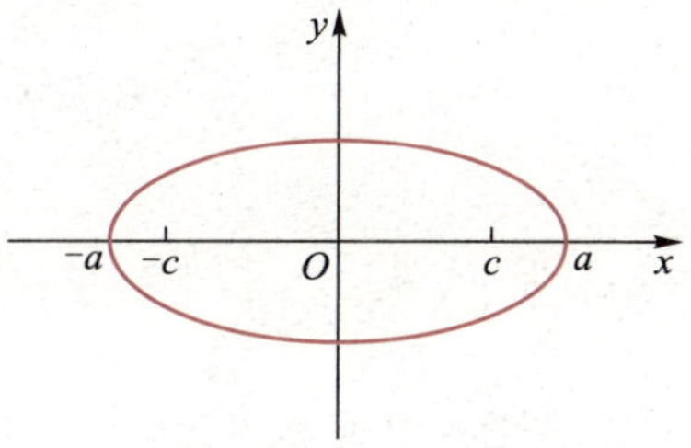

图 8.7.7

我们把焦距与长轴长的比 $\dfrac{c}{a}$ 称为椭圆的**离心率**，用 e 表示，$e=\dfrac{c}{a}$.

因为 $a>c>0$，所以 $0<e<1$，e 越接近于 1，则 c 越接近 a，从而 $b=\sqrt{a^2-c^2}$ 越小，此时椭圆越扁；反之，e 越接近于 0，c 越接近 0，从而 b 越接近 a，此时椭圆越接近于圆.

例 3　求椭圆 $9x^2+25y^2=225$ 长轴和短轴长、离心率、焦点、顶点坐标.

解：把已知方程化成标准方程

$$\frac{x^2}{5^2}+\frac{y^2}{3^2}=1,$$

这里 $a=5$，$b=3$，$c=4$，因此，椭圆长轴和短轴长分别是 $2a=10$、$2b=6$，离心率 $e=\dfrac{c}{a}=\dfrac{4}{5}$，两焦点坐标分别是 $F_1(-4,\ 0)$ 和 $F_2(4,\ 0)$，四个顶点坐标分别是 $A_1(-5,\ 0)$、$A_2(5,\ 0)$、$B_1(0,-3)$ 和 $B_2(0,\ 3)$.

例 4　若 $a=6$，$e=\dfrac{1}{3}$，焦点在 x 轴上，求此椭圆的标准方程.

解：$\because$　$a=6$，$e=\dfrac{1}{3}$，$\therefore$　$c=2$.

而　$$b^2=a^2-c^2=32,$$

所以，此椭圆的标准方程是$\frac{x^2}{36}+\frac{y^2}{32}=1$.

练习 8.7.2

1. 写出椭圆$\frac{x^2}{a^2}+\frac{y^2}{b^2}=1$（$a>b>0$）的焦点和顶点坐标.

2. 求下列各椭圆的长轴和短轴长、离心率、焦点和顶点坐标.

（1）$16x^2+25y^2=400$；（2）$9x^2+y^2=81$；

（3）$x^2+4y^2=16$；（4）$\frac{x^2}{4}+y^2=1$.

3. 若$c=3$，$e=\frac{3}{5}$，焦点在x轴上，求椭圆方程.

双曲线及其标准方程

第八节 双曲线的标准方程及其简单几何性质

1. 双曲线及其标准方程

操作与思考：如图 8.8.1，取一根拉链，拉开它的一部分，在拉链拉开部分的两侧（错开一定距离）各取一点，将这两个点固定在平面内两点F_1、F_2上（错开的距离要小于$|F_1F_2|$），把笔尖放在拉链的拉头M处，拉开或闭合拉链时，笔尖所经过的点就形成一条曲线. 交换拉链上两点的位置，按照同样的方法，可以画出另一条曲线.

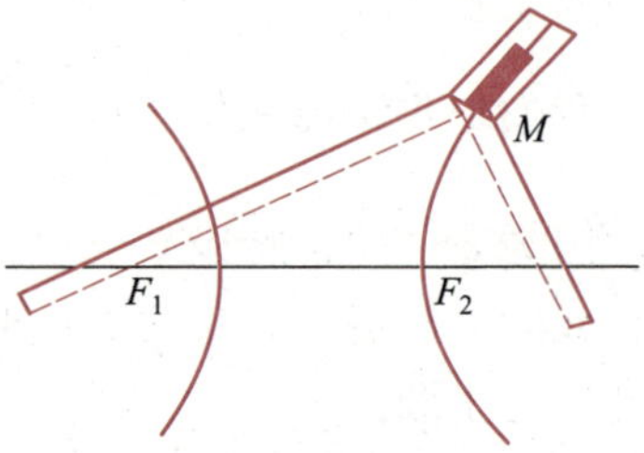

图 8.8.1

曲线上的点满足什么条件？

拉开或闭合拉链时，笔尖所画曲线（图 8.8.1 右边曲线）上的点满足$|MF_1|-|MF_2|=$常数.

如果使点M到F_2的距离与到F_1距离之差即$|MF_2|-|MF_1|=$常数. 则M的轨迹是另一条曲线（图 8.8.1 左边曲线），这两条曲线合起来叫做双曲线，每一条叫双曲线的一支.

我们把平面内与两个定点F_1、F_2的距离差的绝对值等于常数（小于$|F_1F_2|$）的点的轨迹叫做**双曲线**，这两个定点叫双曲线的焦点，$|F_1F_2|$叫双曲线的**焦距**.

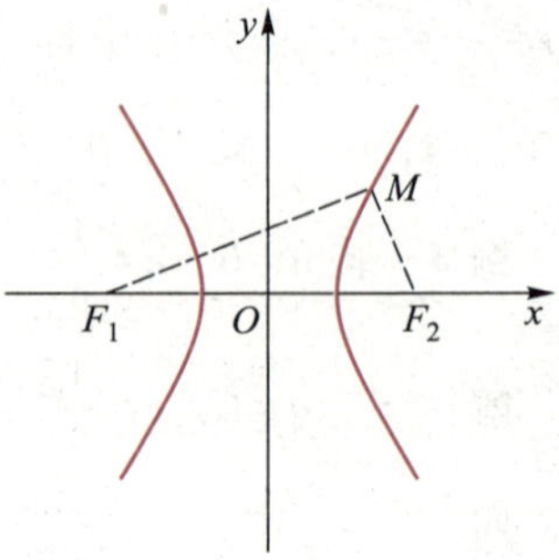

图 8.8.2

下面我们根据双曲线定义，来求双曲线的标准方程.

如图 8.8.2，取过F_1、F_2的直线为x轴，线段F_1F_2的垂直平分线为y轴，建立直角坐标系.

设 $M(x, y)$ 是曲线上任一点，双曲线的焦距为 $2c$（$c>0$），那么，焦点 F_1、F_2 的坐标分别是 $(-c, 0)$，$(c, 0)$. 又设 M 与 F_1、F_2 的距离的差的绝对值为常数 $2a$（$a>0$）.

由双曲线定义知，双曲线就是集合

$$P=\{M \mid |MF_1|-|MF_2|=\pm 2a\}.$$

由两点间的距离公式可得

$$|MF_1|=\sqrt{(x+c)^2+y^2}, \quad |MF_2|=\sqrt{(x-c)^2+y^2},$$

所以

$$\sqrt{(x+c)^2+y^2}-\sqrt{(x-c)^2+y^2}=\pm 2a.$$

化简，得

$$(c^2-a^2)x^2-a^2y^2=a^2(c^2-a^2). \quad ①$$

由双曲线定义知，$2c>2a$，即 $c>a$，所以 $c^2-a^2>0$.

设 $c^2-a^2=b^2$（$b>0$），代入①求得

$$b^2x^2-a^2y^2=a^2b^2,$$

两边同除以 a^2b^2 得

$$\frac{x^2}{a^2}-\frac{y^2}{b^2}=1.$$

这个方程叫**双曲线的标准方程**，它所表示的双曲线焦点在 x 轴上，焦点坐标是 $F_1(-c, 0)$、$F_2(c, 0)$，其中 $c^2=a^2+b^2$.

同理可求出焦点在 y 轴上的双曲线的标准方程（图 8.8.3）是 $\frac{y^2}{a^2}-\frac{x^2}{b^2}=1$，其焦点是 $F_1(0, -c)$、$F_2(0, c)$.

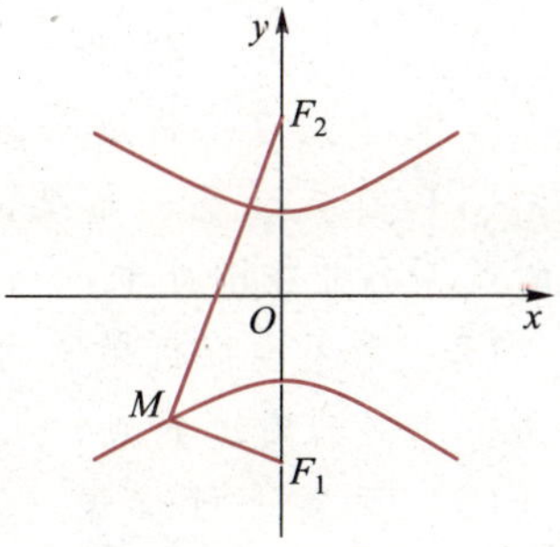

图 8.8.3

例 1　已知两点 $F_1(-5, 0)$、$F_2(5, 0)$，求到此两点的距离之差的绝对值为 6 的点的轨迹方程.

解：根据定义，所求点的轨迹是双曲线，这里 $c=5$，$a=3$，所以

$$b^2=c^2-a^2=5^2-3^2=4^2,$$

因此，所求双曲线的方程是

$$\frac{x^2}{3^2}-\frac{y^2}{4^2}=1,$$

即 $\frac{x^2}{9}-\frac{y^2}{16}=1$.

例 2　已知双曲线焦点在 y 轴上，且双曲线过两点 $A(4, 0)$、$B(3, -4\sqrt{2})$，求此双曲线的标准方程.

解：因为此双曲线焦点在 y 轴上，所以可设所求双曲线的标准方程为

$$\frac{y^2}{a^2}-\frac{x^2}{b^2}=1. \quad ①$$

因为双曲线过 A、B 两点，所以

$$\begin{cases}\dfrac{16}{a^2}-\dfrac{0^2}{b^2}=1,\\ \dfrac{(-4\sqrt{2})^2}{a^2}-\dfrac{3^2}{b^2}=1,\end{cases}$$

解此方程组，得

$$\begin{cases}a^2=16,\\ b^2=9.\end{cases}$$

所以所求双曲线的标准方程是$\dfrac{y^2}{16}-\dfrac{x^2}{9}=1$.

练习 8.8.1

1. 写出适合下列条件的双曲线的标准方程：

(1) $a=3$，$b=4$，焦点在 x 轴上；

(2) $a=4$，$b=3$，焦点在 y 轴上；

(3) 焦点为 $(0, -6)$、$(0, 6)$，且经过点 $(2, -5)$；

(4) 焦点在 x 轴上，经过点 $P(-\sqrt{2}, -\sqrt{3})$、$Q\left(\dfrac{\sqrt{15}}{3}, \sqrt{2}\right)$.

2. 求证：椭圆$\dfrac{x^2}{25}+\dfrac{y^2}{9}=1$与双曲线 $x^2-15y^2=15$ 的焦点相同.

3. 用下列方法折出双曲线：

(1) 首先准备一张纸，在纸上画一个圆，圆心是 O，并在圆外取一点 F；

(2) 采用类似折椭圆的方法，将圆周折起一角，使得圆周过 F 点；

(3) 反复进行步骤 (2)，你就可以得到一系列折痕；

这些折痕会呈现出一个双曲线的轮廓（可能会有同学误认为折出的是抛物线，其实它是双曲线的一支）.

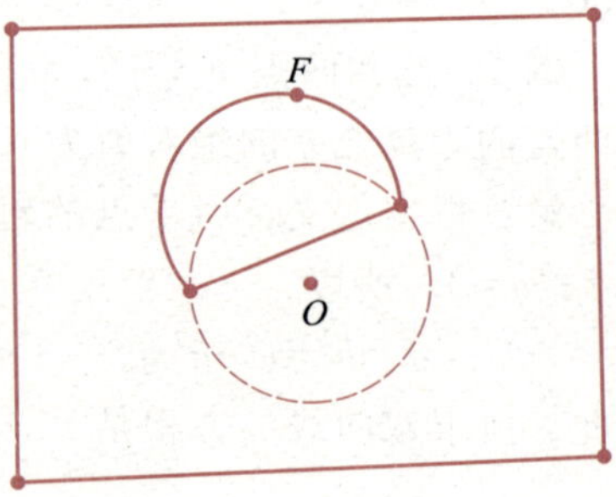

2. 双曲线的简单几何性质

我们根据双曲线的标准方程

$$\frac{x^2}{a^2}-\frac{y^2}{b^2}=1$$

来研究它的几何性质.

(1) 范围

由标准方程可知，双曲线上点的坐标 (x, y) 都适合不等式$\dfrac{x^2}{a^2}\geqslant 1$，即 $x^2\geqslant$

a^2，$\therefore x \geqslant a$，或 $x \leqslant -a$. 这说明双曲线在不等式 $x \geqslant a$ 与 $x \leqslant -a$ 所表示的区域内.

（2）对称性

观察双曲线的形状，可以发现双曲线既是轴对称图形，又是中心对称图形.

在双曲线方程中，以 $-x$ 代 x，以 $-y$ 代 y，同时以 $-x$、$-y$ 代换 x、y，方程都不变，所以双曲线关于 y 轴、x 轴和原点都是对称的. 坐标轴是双曲线的**对称轴**，坐标原点是双曲线的对称中心.

我们把双曲线的对称中心叫**双曲线的中心**.

（3）顶点

在双曲线的标准方程里，令 $y=0$，得 $x=\pm a$，因此双曲线与 x 轴有两个交点 $A_1(-a, 0)$、$A_2(a, 0)$. 因为 x 轴是双曲线的对称轴，所以双曲线与它的对称轴有两个交点，我们把它们叫双曲线的**顶点**.

令 $x=0$，得 $y^2=-b^2$，此方程无实数解，说明双曲线与 y 轴没有交点，但我们常常也把 $B_1(0, -b)$、$B_2(0, b)$ 画在 y 轴上.（图 8.8.4）

我们把线段 A_1A_2 叫双曲线的**实轴**，它的长等于 $2a$，a 叫双曲线的**实半轴长**；线段 B_1B_2 叫双曲线的**虚轴**，它的长等于 $2b$，b 叫做双曲线的**虚半轴长**.

（4）渐近线

过 A_1、A_2 作 y 轴的平行线 $x=\pm a$，过 B_1、B_2 作 x 轴的平行线 $y=\pm b$，四条直线围成一矩形（如图 8.8.5）. 矩形的两条对角线所在直线的方程是 $y=\pm\dfrac{b}{a}x$. 观察图 8.8.5，可以看出，双曲线的各支向外延伸时，逐渐与这两条直线靠近，但永远也不会相交.

把这两条直线 $y=\pm\dfrac{b}{a}x$ 叫做双曲线的**渐近线**.

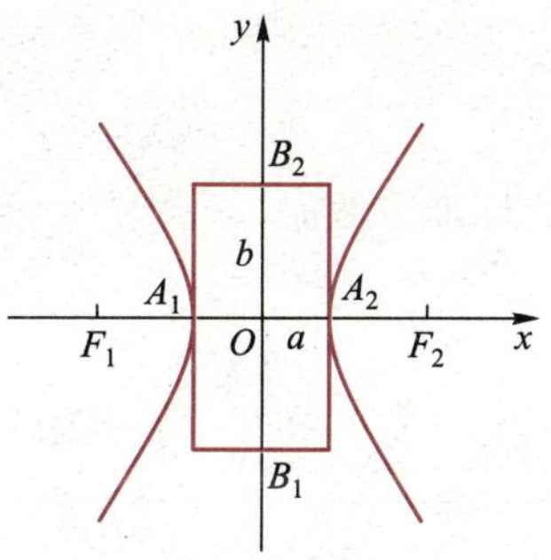

图 8.8.4

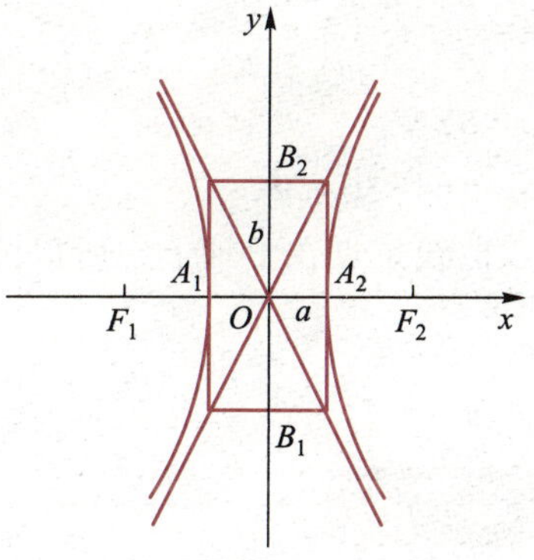

图 8.8.5

在双曲线方程 $\dfrac{x^2}{a^2}-\dfrac{y^2}{b^2}=1$ 中，若 $a=b$，则双曲线方程变为 $x^2-y^2=a^2$，这时实轴和虚轴长都等于 $2a$，渐近线方程变为 $y=\pm x$，它们互相垂直，且平分双曲线实轴和虚轴所成的角.

我们把实轴和虚轴等长的双曲线叫做**等轴双曲线**.

(5) 离心率

双曲线的焦距与实轴长的比 $e=\frac{c}{a}$，叫做双曲线的**离心率**.

因为 $c>a>0$，所以双曲线的离心率 $e>1$. e 越大，$\frac{b}{a}$越大，渐近线 $y=\pm\frac{b}{a}x$ 斜率的绝对值越大，双曲线的开口越开阔.

例 3 求双曲线 $9x^2-16y^2=144$ 的实半轴长和虚半轴长、焦点坐标、离心率、渐近线方程.

解： 把 $9x^2-16y^2=144$ 化成标准方程

$$\frac{x^2}{4^2}-\frac{y^2}{3^2}=1,$$

所以 $a=4$，$b=3$；

$$c=\sqrt{a^2+b^2}=\sqrt{16+9}=5.$$

$\therefore$ 焦点坐标为 $F_1(-5,\ 0)$、$F_2(5,\ 0)$；

离心率 $e=\frac{c}{a}=\frac{5}{4}$；

渐近线方程为 $y=\pm\frac{b}{a}x=\pm\frac{3}{4}x$.

例 4 若双曲线焦点在 y 轴上，焦距是 16，$e=\frac{4}{3}$，求双曲线的标准方程.

解： 由题意知 $2c=16$，

$\therefore\quad c=8$，

$\because\quad e=\frac{c}{a}=\frac{4}{3}$，

$\therefore\quad a=6$，

而 $b^2=c^2-a^2=64-36=28$.

因为双曲线焦点在 y 轴上，所以此双曲线的标准方程是

$$\frac{y^2}{36}-\frac{x^2}{28}=1.$$

练习 8.8.2

1. 求下列双曲线实轴和虚轴的长、顶点坐标、焦点坐标、离心率、渐近线方程：

(1) $x^2-4y^2=16$；　　(2) $9x^2-y^2=81$；

(3) $x^2-y^2=4$；　　(4) $\frac{x^2}{49}-\frac{y^2}{25}=1$.

2. 求适合下列条件的双曲线的标准方程：

（1）顶点在 x 轴上，两顶点间距离是 6，$c=5$；

（2）焦点在 y 轴上，焦距是 10，$e=\frac{5}{4}$.

3. 求以椭圆 $\frac{x^2}{16}+\frac{y^2}{9}=1$ 的焦点为顶点，以椭圆的顶点为焦点的双曲线的方程.

4. 等轴双曲线的一个焦点是 $F(6,\ 0)$，求它的标准方程和渐近线方程.

5. 求证：等轴双曲线离心率为 $\sqrt{2}$.

第九节　抛物线的标准方程及其简单几何性质

1. 抛物线及其标准方程

抛物线及其标准方程

操作与思考：如图 8.9.1，把一根直尺固定在图板上，取一个直角三角板，使它的一条直角边靠紧直尺的一边 l，再取一条与另一条直角边等长且没有伸缩性的细绳，一端固定在三角板的顶点 A 处，另一端固定在图板上的 F 处，用笔尖紧靠三角板把绳子拉紧，并将三角板靠紧直尺上下滑动，观察笔尖处点 M 形成的轨迹，想一想这个轨迹是什么图形？M 点满足什么条件？

显然，三角板移动过程中，笔尖 M 到定直线 l 的距离等于 M 到定点 F 的距离，即 $|MC|=|MF|$.

我们把平面内与一定点 F 和一定直线 l 距离相等的点的轨迹叫做**抛物线**. 点 F 叫抛物线焦点，直线 l 叫做抛物线的准线.

下面我们根据抛物线的定义，求抛物线的标准方程.

我们把经过点 F 且垂直于准线 l 的直线作为 x 轴，x 轴与 l 相交于 A 点，以线段 AF 的垂直平分线为 y 轴，建立平面直角坐标系（图 8.9.2）.

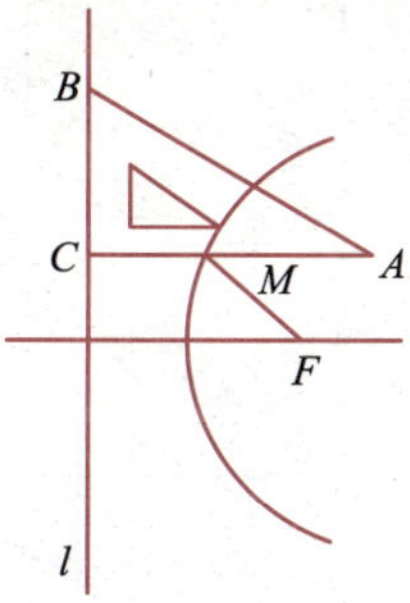

图 8.9.1

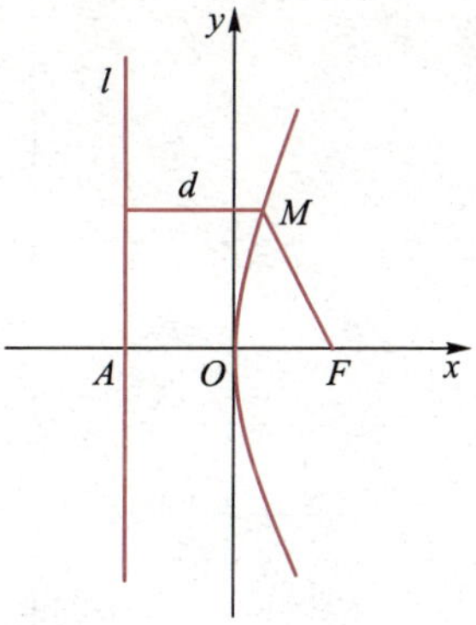

图 8.9.2

设 $|FA|=p$，那么焦点 $F\left(\frac{p}{2},\ 0\right)$，准线 l 的方程为 $x=-\frac{p}{2}$.

设 $M(x,\ y)$ 是抛物线上任一点，M 到 l 的距离为 d，则抛物线就是集合

$$P=\{M \mid |MF|=d\}.$$

由两点间的距离公式，有

$$|MF|=\sqrt{\left(x-\frac{p}{2}\right)^2+y^2},$$

而

$$d=\left|x+\frac{p}{2}\right|,$$

所以

$$\sqrt{\left(x-\frac{p}{2}\right)^2+y^2}=x+\frac{p}{2}.$$

将上式两边平方，并化简得

$$y^2=2px. \quad ①$$

我们把方程①叫**抛物线的标准方程**，它表示的抛物线焦点在 x 轴正半轴上，坐标是$\left(\frac{p}{2},\ 0\right)$，它的准线方程是 $x=-\frac{p}{2}$.

与椭圆、双曲线一样，建立坐标系的方式不同，可得到不同形式的抛物线的标准方程. 同学们可以自行探究，得到抛物线的标准方程还有以下几种形式 $y^2=-2px$，$x^2=2py$，$x^2=-2py$. 它们的焦点坐标、准线方程、图形如下表所示：

方程	焦点	准线	图形
$y^2=2px$ $(p>0)$	$F\left(\frac{p}{2},\ 0\right)$	$x=-\frac{p}{2}$	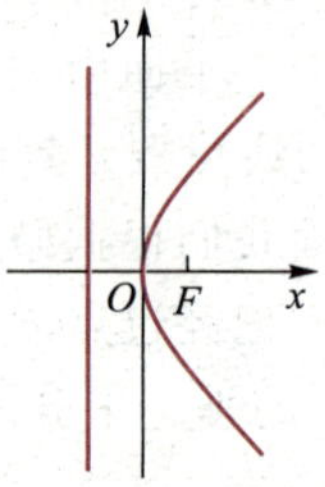
$y^2=-2px$ $(p>0)$	$F\left(-\frac{p}{2},\ 0\right)$	$x=\frac{p}{2}$	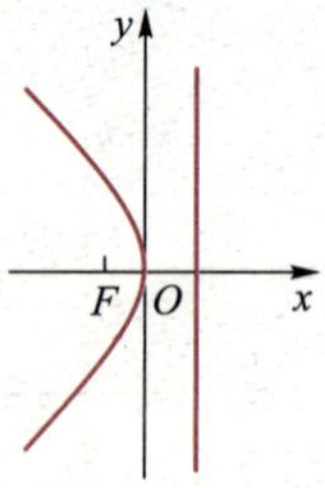
$x^2=2py$ $(p>0)$	$F\left(0,\ \frac{p}{2}\right)$	$y=-\frac{p}{2}$	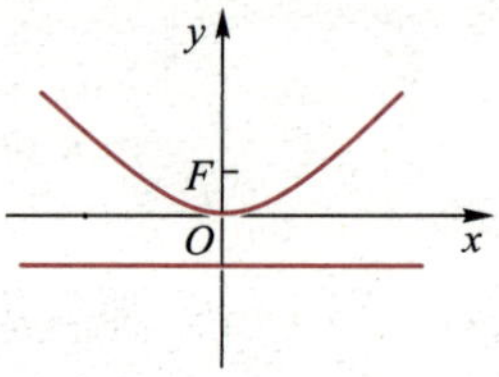

续表

方程	焦点	准线	图形
$x^2=-2py$ $(p>0)$	$F\left(0,\ -\dfrac{p}{2}\right)$	$y=\dfrac{p}{2}$	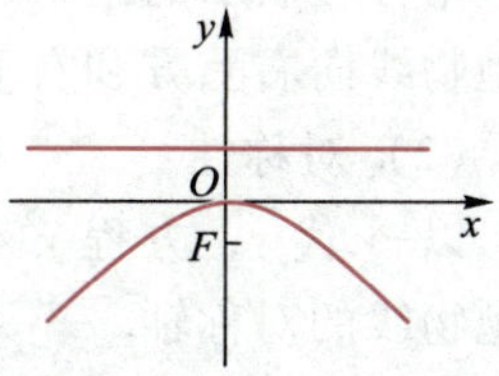

例 1 已知抛物线的标准方程，求它们焦点坐标和准线方程：

（1）$y^2=12x$；　　（2）$x^2=-y$.

解：（1）因为 $2p=12$，$p=6$，所以此抛物线焦点坐标是（3，0），准线方程是 $x=-3$；

（2）因为 $2p=1$，$p=\dfrac{1}{2}$，所以此抛物线焦点坐标是$\left(0,\ -\dfrac{1}{4}\right)$，准线方程为 $y=\dfrac{1}{4}$.

例 2 已知抛物线焦点是 $F(0,\ -3)$，求它的标准方程.

解：因为焦点在 y 轴负半轴，且$\dfrac{p}{2}=3$，$p=6$，

所以它的标准方程是 $x^2=-12y$.

练习 8.9.1

1. 填空：

（1）抛物线 $y^2=2px$（$p>0$）上一点 M 到焦点的距离是 $a\left(a>\dfrac{p}{2}\right)$，则点 M 到准线 $x=-\dfrac{p}{2}$的距离是______，点 M 的横坐标是______.

（2）抛物线 $y^2=6x$ 上与焦点的距离等于 4 的点的坐标是______，抛物线 $y^2=12x$ 上与焦点的距离等于 8 的点的坐标是______.

2. 根据所给条件，写出抛物线的标准方程：

（1）焦点 $F(4,\ 0)$；

（2）准线方程是 $x=-2$；

（3）焦点到准线的距离等于 6.

3. 求下列抛物线的焦点坐标和准线方程：

（1）$y^2=10x$；　　（2）$x^2=2y$；

（3）$y^2+6x=0$；　　（4）$x^2+8y=0$.

2. 抛物线的简单几何性质

我们根据抛物线的标准方程 $y^2=2px$（$p>0$）来研究它的几何性质.

(1) 范围

因为 $p>0$，由方程 $y^2=2px$ 可知，抛物线 $y^2=2px$ 上的点 $M(x, y)$ 满足 $x\geqslant 0$，即这个方程表示的抛物线在 y 轴右侧，开口向右，当 x 增大时，$|y|$ 也增大，说明抛物线向右上方和右下方无限伸展.

(2) 对称性

以 $-y$ 代 y，方程 $y^2=2px$ 不变，所以这条抛物线关于 x 轴对称，即 x 轴是这条抛物线的对称轴.

我们把抛物线的对称轴叫做**抛物线的轴**.

(3) 顶点

我们把抛物线和它的轴的交点，叫做抛物线的**顶点**.

在方程 $y^2=2px$ 中，当 $y=0$ 时，$x=0$，因此，这条抛物线的顶点是坐标原点.

(4) 离心率

抛物线上的点 M 与焦点、准线的距离的比叫做抛物线的**离心率**，用 e 表示. 由定义可知，抛物线的离心率 $e=1$.

例 3 已知抛物线关于 x 轴对称，顶点在坐标原点，并且经过 $M(2, 2)$，求它的标准方程，焦点坐标，准线方程.

解：因为抛物线关于 x 轴对称，顶点在原点，所以它的标准方程可设为

$$y^2=2px\ (p>0),$$

又因为 $M(2, 2)$ 在抛物线上，所以 $4=2p\times 2$，即

$$p=1.$$

因此抛物线的标准方程是 $y^2=2x$，焦点坐标 $F\left(\frac{1}{2}, 0\right)$，准线方程

$$l: x=-\frac{1}{2}.$$

练习 8.9.2

1. 求适合下列条件的抛物线的方程：

(1) 顶点在原点，关于 y 轴对称，经过点 $M(-4, 8)$；

(2) 顶点在原点，焦点在 $(4, 0)$；

(3) 顶点在原点，准线为 $x=-5$；

(4) 顶点在原点，焦点在 $(0, -8)$.

2. 已知抛物线顶点在坐标原点，关于 x 轴对称，且经过点 $M(9, 3)$，求此抛物线的标准方程及焦点坐标，准线方程.

3. 在同一坐标系中画出下列函数图像，并说明抛物线开口大小与方程中 x 的系数的关系.

(1) $y^2=x$；

(2) $y^2 = 2x$;

(3) $y^2 = 4x$.

第十节 圆锥曲线

当我们用任意一个平面（不过圆锥的顶点）去截一个圆锥面时，就会得到一个截面（线）. 由于截圆锥的平面与圆锥的相对位置不同，截面的几何形状也有所不同（如图 8.10.1).

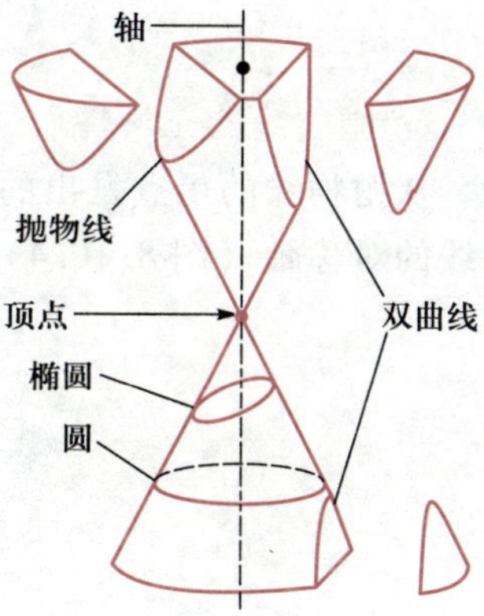

图 8.10.1

如果平面与圆锥的轴的夹角大于圆锥面的母线与轴所成的角，那么截面的几何形状是一个椭圆（面）；特别地，如果截面与圆锥的轴垂直，那么截面的几何形状是一个圆（面）.

如果平面平行且仅平行于圆锥的一条母线（即平面与圆锥的轴的夹角等于圆锥面的母线与轴所成的角），那么截面的几何形状是一个抛物线（面）；

如果平面与圆锥面的轴线的夹角小于轴线与母线的夹角（这时，平面与圆锥的截面分为两段，生成两个分开的曲线），那么截面的几何形状是双曲线（面）.

我们把截面的边缘分别叫做椭圆、圆、抛物线、双曲线，它们统称为圆锥曲线.

在圆锥曲线定义中的定点，之所以被称为焦点，是源于它们光学上的聚焦性质.

1. 椭圆的光学性质

从椭圆一个焦点发出的光线或声波，经过椭圆反射后，反射线都汇聚到椭圆的另一个焦点上（图 8.10.2).

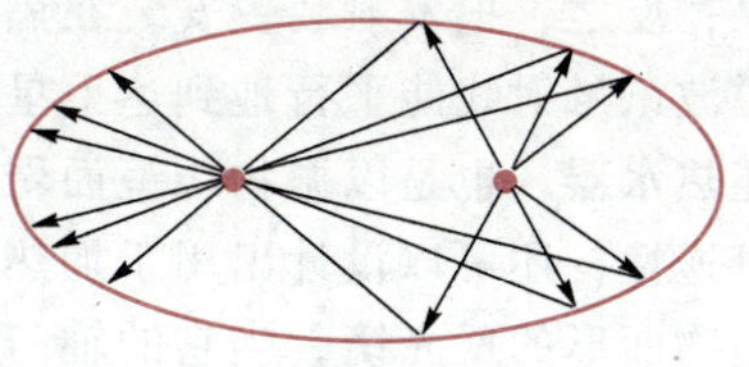

图 8.10.2

椭圆的这种光线特性，可以用来设计一些照明设备、聚热装置等. 例如，为了使在展览厅走动的游客们都能听清讲解员的解说，根据圆锥曲线的光学性质及声波的相关原理，展览厅常设计为椭圆形；老花眼镜、放大镜和远视眼镜也都是利用椭圆的这种汇聚光线的作用设计的. 电影放映机的聚光灯有一个反射镜，它的形状是旋转椭圆面. 为了使片门（电影胶片通过的地方）处获得最强的光线，聚光灯泡与片门应分别对应于椭圆的两个焦点处.

2. 双曲线的光学性质

如果光源或声源放在双曲线的一个焦点 F_2 处，光线或声波射到双曲线靠近 F_2 的一支上，经过反射以后，就像从另一个焦点 F_1 处射出来一样（图 8.10.3).

天文望远镜的设计，就是利用了双曲线的这种光学性质（反向虚聚焦).

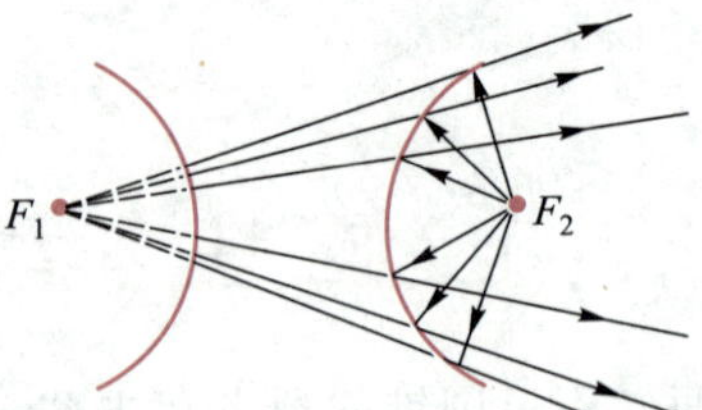

图 8.10.3

3. 抛物线的光学性质

从抛物线的焦点发出的光线或声波，经过抛物线反射后，反射光线平行于抛物线的对称轴（图 8.10.4）.

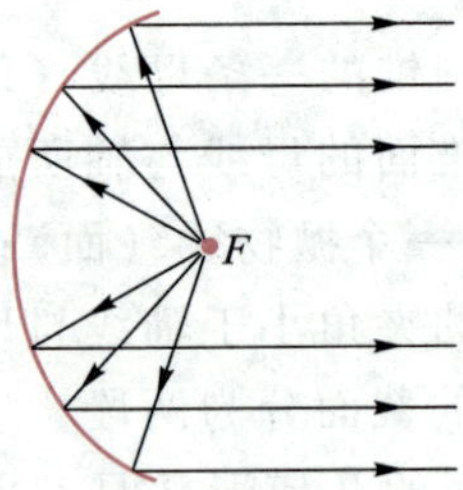

图 8.10.4

抛物线这种聚焦特性，成为聚能装置或定向发射装置的最佳选择. 例如探照灯、汽车大灯等反射镜面的纵剖线都是抛物线. 把光源置于它的焦点处，经镜面反射后能成为平行光束，使照射距离加大，并可通过转动抛物线的对称轴方向，控制照射方向. 卫星通讯像碗一样的接收或发射天线，一般也是以抛物线绕对称轴旋转得到的. 把接收器置于其焦点，抛物线的对称轴跟踪对准卫星，这样就可以把卫星发射的微弱电磁波讯号射线，最大限度地集中到接收器上，保证接收效果；反之，把发射装置安装在焦点，把对称轴跟踪对准卫星，则可以使发射的电磁波讯号射线能平行地到达卫星的接收装置，同样保证接收效果. 最常见的太阳能热水器，也是以抛物线镜面聚集太阳光，以加热焦点处的贮水器的. 根据光的可逆性，还可以设计出用于加热水和食物的太阳灶. 在太阳灶上装有一个可旋转抛物面形的反光镜，当它的轴与太阳光线平行时，太阳光线经反射后集中于焦点处，这一点的温度就会很高.

练习 8.10

1. 一个圆锥面的母线与轴成 45 度角，分别用不经过圆锥面的顶点与轴成 60 度角、30 度角、45 度角、90 度角的平面截圆锥面，截线各是什么形状的曲线？

2. 请你用一块硬纸板制作一个椭圆形的游戏盘（要有围挡）. 在椭圆的焦点处挖洞，用圆形的小球（如玻璃球、小钢球）做游戏子，用一根直棍做击球杆，尝试把不同位置的小球打入小洞.（思考一下，怎样就可以保证把小球一次就击入小孔.）

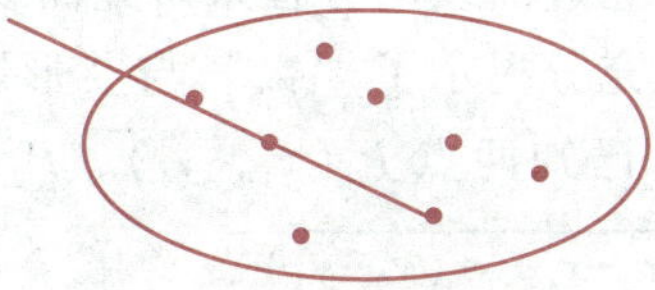

本章小结

一、知识结构

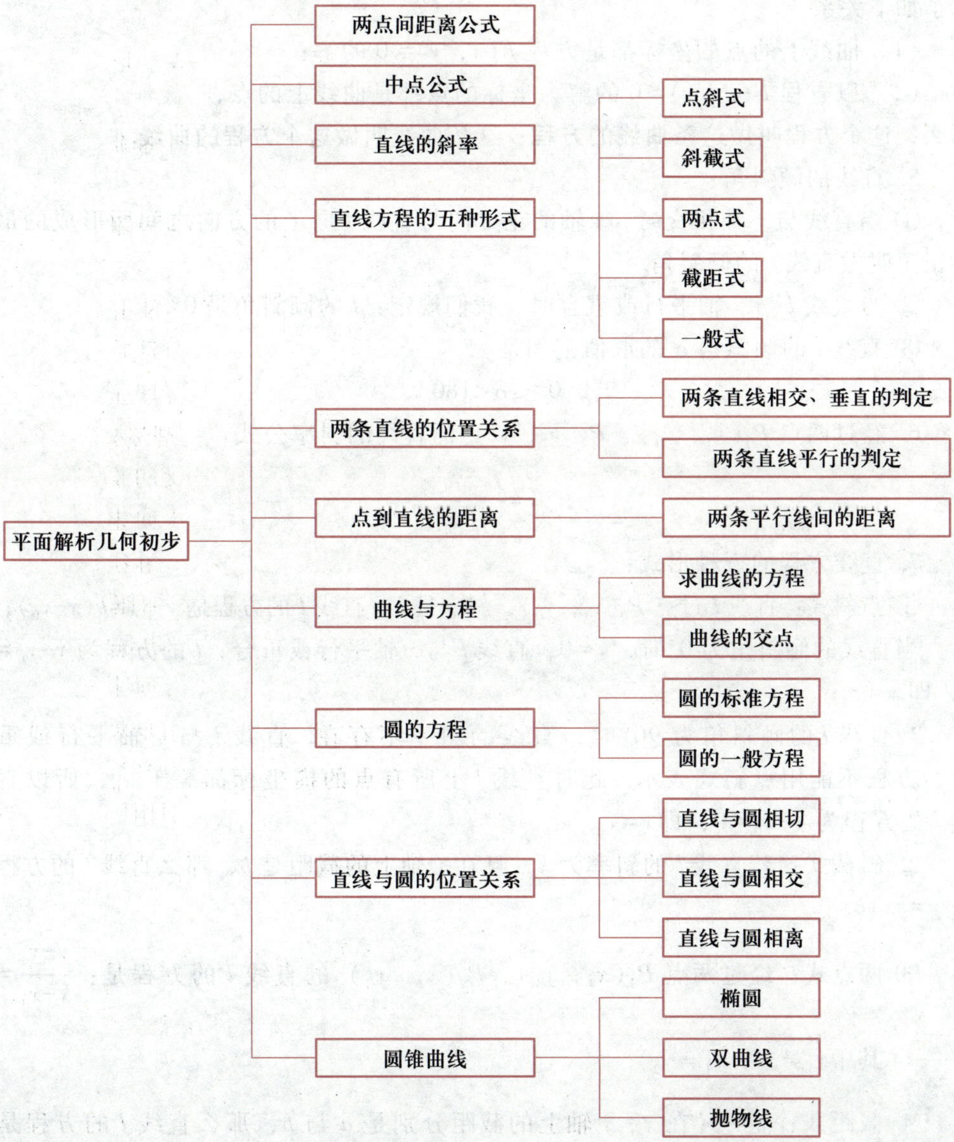

二、知识回顾与方法总结

1. 平面直角坐标系的建立，使平面曲线和关于 x、y 的二元方程建立了对应关系，为我们使用解析法（通过曲线的方程来研究曲线的性质的方法，也叫坐标法）研究曲线奠定了基础，充分揭示了“数”与“形”的内在联系.

2. 两点间的距离公式：已知两点 $P_1(x_1, y_1)$、$P_2(x_2, y_2)$，那么 P_1、P_2 两点间的距离为 $|P_1P_2|=\sqrt{(x_2-x_1)^2+(y_2-y_1)^2}$.

3. 中点公式： 已知 $A(x_1, y_1)$，$B(x_2, y_2)$，那么线段 AB 的中点 $M(x, y)$ 的坐标是 $\left(\dfrac{x_1+x_2}{2}, \dfrac{y_1+y_2}{2}\right)$.

4. 在直角坐标系中，如果某曲线上的点与一个二元方程 $F(x, y)=0$ 的解建立了如下关系：

（1）曲线上的点的坐标都是方程 $F(x, y)=0$ 的解；

（2）以方程 $F(x, y)=0$ 的解为坐标的点都是曲线上的点，

那么，这个方程叫做这条**曲线的方程**；这条曲线叫做这个**方程的曲线**.

5. 直线的倾斜角：

① 当直线与 x 轴相交时，x 轴的正方向与直线 l 向上的方向之间所形成的最小正角叫做直线 l 的**倾斜角**.

② 当直线 l 与 x 轴平行或重合时，我们规定：l 的倾斜角是 $0°$.

③ 直线 l 的倾斜角 α 的取值范围是

$$0°\leqslant\alpha<180°.$$

6. 经过两点 $P_1(x_1, y_1)$、$P_2(x_2, y_2)$ 的直线的斜率公式

$$k=\frac{y_2-y_1}{x_2-x_1}.$$

7. 直线方程的五种形式：

① 点斜式：直线 l 过点 $P_0(x_0, y_0)$，斜率是 k，直线 l 的方程是 $y-y_0=k(x-x_0)$；

当直线的倾斜角为 $0°$时，$k=0$，直线 l 与 x 轴平行或重合，l 的方程为 $y-y_0=0$，即 $y=y_0$；

当直线 l 的倾斜角为 $90°$时，直线的斜率不存在. 直线 l 与 y 轴平行或重合，方程不能用点斜式表示. 此时直线 l 上所有点的横坐标都等于 x_0，所以直线 l 的方程为 $x-x_0=0$，即 $x=x_0$.

② 斜截式：若直线 l 的斜率为 k，且在 y 轴上的截距是 b，那么直线 l 的方程是 $y=kx+b$.

③ 两点式：经过两点 $P_1(x_1, y_1)$、$P_2(x_2, y_2)$ 的直线 l 的方程是：$\dfrac{y-y_1}{x-x_1}=\dfrac{y_2-y_1}{x_2-x_1}$（其中 $x_1\neq x_2$，$y_1\neq y_2$）.

④ 截距式：直线 l 在 x、y 轴上的截距分别是 a 与 b，那么直线 l 的方程是

$\frac{x}{a}+\frac{y}{b}=1$.

⑤ 关于 x、y 的二元一次方程 $Ax+By+C=0$（其中 A、B 不同时为 0）叫做直线的**一般式方程**.

8. 结合直线方程一般式的讨论和学习，体会分类讨论的思想.

9. 根据已知条件求直线方程时，我们大多利用点斜式、斜截式、两点式、截距式来解决问题，求得的方程要化成一般式；

根据直线的一般式方程，要能够求出直线的斜率、直线在坐标轴上的截距.

10. 两条直线平行的充要条件是：　$l_1 /\!/ l_2 \Leftrightarrow k_1=k_2$；

两条直线垂直的充要条件是：　$l_1 \perp l_2 \Leftrightarrow k_1 \cdot k_2=-1$.

11. 点到直线的距离：　点 $P_0(x_0, y_0)$ 到直线 l：$Ax+By+C=0$ 的距离为

$$d=\frac{|Ax_0+By_0+C|}{\sqrt{A^2+B^2}}.$$

求两条平行线间的距离只需在其中一条直线上取一点，然后求该点到另一条直线的距离即可.

12. 曲线的交点

曲线交点的坐标是两曲线方程的公共实数解，即两个曲线的方程所组成的方程组的实数解. 所以求曲线交点问题，就是求它们的方程所组成的方程组的实数解问题，方程组有几组实数解，曲线就有几个交点；方程组没有实数解，曲线就没有交点.

13. 圆的标准方程：$(x-a)^2+(y-b)^2=r^2$，

其圆心是 $C(a, b)$、半径为 r.

14. 圆的一般方程：$x^2+y^2+Dx+Ey+F=0$.

（1）当 $D^2+E^2-4F>0$ 时，方程表示以 $\left(-\frac{D}{2}, -\frac{E}{2}\right)$ 为圆心，以 $\frac{1}{2}\sqrt{D^2+E^2-4F}$ 为半径的圆；

（2）当 $D^2+E^2-4F=0$ 时，方程表示一个点 $\left(-\frac{D}{2}, -\frac{E}{2}\right)$；

（3）当 $D^2+E^2-4F<0$ 时，方程不表示任何图形.

15. 直线与圆的位置关系

设圆心到直线的距离是 d，圆的半径是 r，那么，

（1）当 $d=r$ 时，直线与圆相切；

（2）当 $d<r$ 时，直线与圆相交；

（3）当 $d>r$ 时，直线与圆相离.

16. 两个条件决定一条直线，三个条件决定一个圆.

在确定直线和圆的方程时，常用到待定系数法.

17. 焦点在 x 轴上的椭圆的标准方程是：$\frac{x^2}{a^2}+\frac{y^2}{b^2}=1$（$a>b>0$），其焦点是

$F_1(-c, 0)$、$F_2(c, 0)$，其中 $c^2=a^2-b^2$；焦点在 y 轴上的椭圆的标准方程是：$\frac{y^2}{a^2}+\frac{x^2}{b^2}=1$ $(a>b>0)$，其焦点坐标是 $F_1(0, -c)$、$F_2(0, c)$，其中 $c^2=a^2-b^2$.

18. 焦点在 x 轴上的双曲线的标准方程是：$\frac{x^2}{a^2}-\frac{y^2}{b^2}=1$，其焦点坐标是 $F_1(-c, 0)$、$F_2(c, 0)$，其中 $c^2=a^2+b^2$；焦点在 y 轴上的双曲线的标准方程是：$\frac{y^2}{a^2}-\frac{x^2}{b^2}=1$，其焦点是 $F_1(0, -c)$、$F_2(0, c)$，其中 $c^2=a^2+b^2$.

19. 抛物线的标准方程有四种，它们的焦点、准线情况如下：

方程	焦点	准线	图形
$y^2=2px$ $(p>0)$	$F\left(\frac{p}{2}, 0\right)$	$x=-\frac{p}{2}$	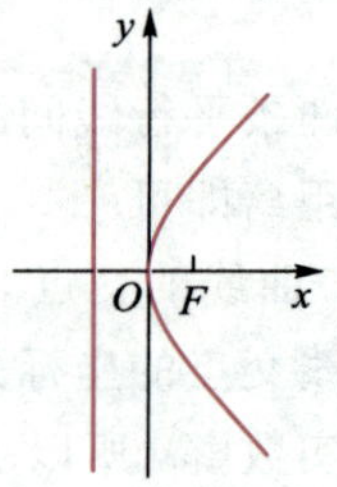
$y^2=-2px$ $(p>0)$	$F\left(-\frac{p}{2}, 0\right)$	$x=\frac{p}{2}$	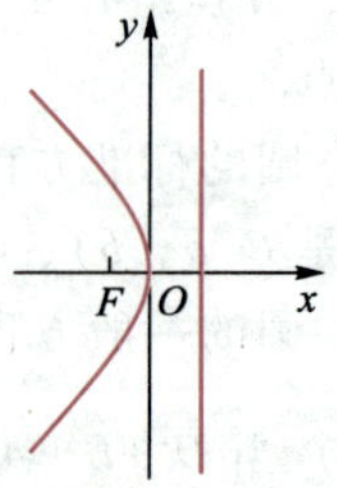
$x^2=2py$ $(p>0)$	$F\left(0, \frac{p}{2}\right)$	$y=-\frac{p}{2}$	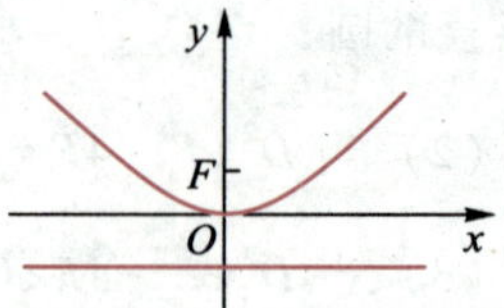
$x^2=-2py$ $(p>0)$	$F\left(0, -\frac{p}{2}\right)$	$y=\frac{p}{2}$	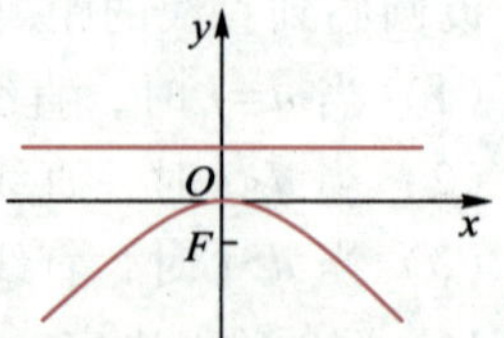

三、拓展与提高

例 1　已知 $A(5, -1)$、$B(1, 1)$、$C(2, 3)$ 三点，判断 $\triangle ABC$ 的形状.

解：AB、BC 边所在直线的斜率分别为

$$k_1=-\frac{1}{2},\ k_2=2,$$

由 $k_1\cdot k_2=-1$ 得

$$AB\perp BC,$$

所以，$\triangle ABC$ 是直角三角形.

例 2　求直线 $x-2y-1=0$ 关于直线 $x+y-1=0$ 对称的直线的方程.

解：解方程组 $\begin{cases}x-2y-1=0,\\x+y-1=0,\end{cases}$ 得两直线的交点是：$A(1,\ 0)$.

在直线 $x-2y-1=0$ 上取一点 $B\left(0,\ -\frac{1}{2}\right)$，设点 B 关于直线 $x+y-1=0$ 的对称点是 $C(x_0,\ y_0)$，那么

$$\begin{cases}\dfrac{0+x_0}{2}+\dfrac{-\frac{1}{2}+y_0}{2}-1=0,\\[2ex]\dfrac{y_0-\left(-\frac{1}{2}\right)}{x_0-0}\cdot(-1)=-1,\end{cases}$$

解得：

$$\begin{cases}x_0=\dfrac{3}{2},\\y_0=1.\end{cases}$$

所以 C 的坐标是 $\left(\frac{3}{2},\ 1\right)$，直线 AC 的方程是：$\dfrac{y-0}{1-0}=\dfrac{x-1}{\frac{3}{2}-1}$，即 $2x-y-2=0$，

所以直线 $x-2y-1=0$ 关于直线 $x+y-1=0$ 对称的直线的方程是

$$2x-y-2=0.$$

例 3　求圆心在直线 $x-y-4=0$ 上，并且经过两圆 $x^2+y^2-4x-6=0$ 与 $x^2+y^2-4y-6=0$ 的交点的圆的方程.

解：解方程组：$\begin{cases}x^2+y^2-4x-6=0,\\x^2+y^2-4y-6=0,\end{cases}$

得：$\begin{cases}x_1=-1,\\y_1=-1,\end{cases}$ $\begin{cases}x_2=3,\\y_2=3.\end{cases}$

所以，两圆 $x^2+y^2-4x-6=0$ 与 $x^2+y^2-4y-6=0$ 的交点是 $A(-1,\ -1)$、$B(3,\ 3)$. 线段 AB 的垂直平分线方程为 $y-1=-(x-1)$.

由 $\begin{cases}y-1=-(x-1),\\x-y-4=0\end{cases}$ 得 $\begin{cases}x=3,\\y=-1.\end{cases}$

所以，所求的圆的圆心是 $(3,\ -1)$，半径是 $\sqrt{(3-3)^2+(3+1)^2}=4$，所以，所求圆的方程是

$$(x-3)^2+(y+1)^2=16.$$

拓展练习

1. 已知直线斜率的绝对值等于 1，求直线的倾斜角.

2. 已知点 $M(x, -5)$ 与 $N(0, 12)$ 间的距离是 17，求 x 的值.

3. 已知直线的斜率 $k=-2$，$M(3, 5)$、$N(x, 7)$、$P(-1, y)$ 是直线上的三个点，求 x 和 y 的值.

4. 已知三点 $A(x, 5)$、$B(-2, y)$、$C(1, 1)$，且点 B 平分线段 AC，求 x、y.

5. 试判断以 $A(4, 1)$、$B(1, 5)$、$C(-3, 2)$、$D(0, -2)$ 为顶点的四边形的形状.

6. 求直线 $4x-5y-20=0$ 与坐标轴围成的三角形的面积.

7. 判断 $A(4, -6)$、$B(-2, 12)$、$C(1, 3)$ 三点是否共线（在一条直线上）？

8. 点 $M(a, 4)$ 到直线 $3x-4y=28$ 的距离 d 满足下列条件，分别求 a 的值：

（1）$d=2$；（2）$d>2$；（3）$d<2$.

9. 求圆 $(x-2)^2+y^2=9$ 关于直线 $2x-y-2=0$ 的对称圆的方程.

10. 求过两圆 $x^2+y^2+6x+4y=0$ 与 $x^2+y^2+4x+2y-4=0$ 的交点的直线的方程.

本章复习题

一、选择题

1. 已知直线的倾斜角为 135°，则此直线的斜率为（　　）

A. $\frac{1}{2}$　B. 1　C. $-\frac{1}{2}$　D. -1

2. 点 $O(0, 0)$ 到直线 l：$2x+y-10=0$ 的距离是（　　）

A. 2　B. $2\sqrt{5}$　C. $\sqrt{5}$　D. 10

3. 直线 $y=-\sqrt{3}x+2$ 的倾斜角是（　　）

A. 150°　B. 60°　C. 30°　D. 120°

4. 直线 $x-\sqrt{3}y-2=0$ 的倾斜角是（　　）

A. 150°　B. 60°　C. 30°　D. 120°

5. 圆的标准方程为 $(x-a)^2+(y-b)^2=r^2$ $(r>0)$，以下说法正确的是（　　）

A. 圆心坐标为 (a, b)，半径为 r

B. 圆心坐标为 $(a, -b)$，半径为 r

C. 圆心坐标为 $(-a, b)$，半径为 r

D. 圆心坐标为 (a, b)，半径为 r^2

6. 方程 $x^2+y^2+Dx+Ey+F=0$ 表示的图形是圆，则（　　）

A. $D^2+E^2-4F\leqslant 0$　　B. $D^2+E^2-4F>0$

C. $D^2+E^2-4F\geqslant 0$　　D. 以上均不正确

7. 直线 $y=x+6$ 与圆 $x^2+(y-2)^2=8$ 的位置关系是　(　　)

A. 相交　B. 相离　C. 相切　D. 不确定

8. 圆 $(x-1)^2+(y-2)^2=64$ 与圆 $x^2+y^2=100$ 的位置关系是　(　　)

A. 相离　B. 外切　C. 内切　D. 相交

9. 圆 C：$x^2+y^2-2x-4y-4=0$ 的圆心坐标是　(　　)

A. $(1, -2)$　　B. $(-1, 2)$

C. $(-1, -2)$　　D. $(1, 2)$

10. 直线 l：$3x+y-6=0$ 和圆 C：$x^2+y^2-2y-4=0$ 的位置关系是　(　　)

A. 相离　　B. 相切

C. 相交　　D. 无法判断

11. 圆 C_1：$x^2+y^2-4=0$ 与圆 C_2：$x^2+y^2-2y=0$ 的位置关系是　(　　)

A. 相离　B. 内切　C. 外切　D. 相交

12. 圆 C：$(x-2)^2+(y+1)^2=5$ 的面积是　(　　)

A. 5　B. 5π　C. $\sqrt{5}\pi$　D. 25π

13. 点 $A(-1, 1)$ 与圆 C：$(x+2)^2+(y-3)^2=5$ 的位置关系是　(　　)

A. 点 A 在圆内　　B. 点 A 在圆外

C. 点 A 在圆上　　D. 无法判断

二、填空题

1. 点 $A(0, 5)$、$B(5, 0)$ 在直线 l 上，那么 l 的斜率是__________，l 的两点式方程是__________，l 的一般式方程是__________.

2. 已知直线 l_1：$2x+y-8=0$ 和 l_2：$x-2y+1=0$，那么 l_1 与 l_2 的交点是______；原点到 l_1 与 l_2 的交点的距离是__________.

3. 经过点 $M(3, 2)$ 且与直线 $2x+3y-10=0$ 平行的直线的方程是________.

4. 经过点 $M(3, -2)$ 且与直线 $2x+3y-10=0$ 垂直的直线方程是________.

5. 圆心在原点，半径为 2 的圆的标准方程是________.

6. 圆心为 $O(6, -3)$，且经过点 $(4, 1)$ 的圆的标准方程是________.

三、解答题

1. 一直线经过点 $A(2, -3)$，它的倾斜角等于直线 $y=\frac{1}{\sqrt{3}}x$ 的倾斜角的 2 倍，求这条直线的方程.

2. 求直线 $2x+y-10=0$ 与坐标轴围成的三角形的面积.

3. 求以 $M(1, 3)$ 为圆心并且与直线 $3x-4y-7=0$ 相切的圆的方程.

4. 求经过 $A(-2, 4)$、$B(-1, 3)$、$C(2, 6)$ 三点的圆的方程.

5. 求直线 $2x+3y-10=0$ 与 $2x+3y+2=0$ 的距离.

6. 已知两点 $A(3, -2)$、$B(5, 4)$，求 AB 的垂直平分线的方程.

阅读材料

笛卡儿和费马

从16世纪开始，欧洲资本主义逐渐发展起来，生产实践积累了大量的新经验，科学的发展为技术的更新奠定了新的基础，许多新技术的发明和运用又给科学提供了更丰富的素材，并提出了大量的新问题，其中许多问题摆在了数学家的面前．可是，对于机械、建筑、水利、航海、造船、显微镜和火器制造等领域的许多数学问题，已有的常量数学已无能为力，人们迫切寻求解决变量问题的新数学方法．17世纪前半叶，一个崭新的数学分支——解析几何学的创立，标志了近代数学的开端，并为数学的应用开辟了广阔的领域．在创建解析几何学的过程中，法国数学家笛卡儿和费马做出了最重要的贡献，成为解析几何学的创立者．

笛卡儿于1596年3月出生在法国图赖讷，是数学家、哲学家，同时又是物理学家、近代生物学的奠基人之一、近代数学的开创者．从青年时代起，他充分认识了数学对于科学的广泛作用及其重要性，把数学方法看成是在一切领域建立真理的方法，并主张把数学应用于各个领域．他还认为应该把量化方法用于一般科学的研究．在数学中，他看到了代数与几何割裂的弊病，主张把代数与几何结合起来．1637年，他发表了重要著作《更好地指导和寻求真理的方法论》（简称《方法论》），在作为《方法论》附录之一的《几何学》中，他把代数方法应用于几何的作图问题中，指出了作图问题与求方程组的解之间的关系，通过具体问题，提出了坐标方法，把几何曲线表示成代数方程，断言曲线的次数与坐标轴的选择无关，用方程的次数对曲线加以分类，认识到了曲线的交点与方程组的解之间的关系．《几何学》的发表，标志了解析几何的创立．由于望远镜、显微镜以及其他光学仪器对于天文学和生物学的重要性，他非常关心这些仪器中透镜的设计，在《方法论》的另一个附录《折光》里，他用坐标方法研究了折射等光学现象．

费马于1601年8月出生在法国图卢兹．他是一位业余数学家，但他的数学成就在17世纪数学史上非常突出，为微积分、概率论、数论的创立和发展都做出了重要的贡献，数论中著名的“费马大定理”至今仍吸引着不少数学家，并成为全球数学界关注的一个热点话题．对于解析几何，他更是名副其实的创立者．在笛卡儿的《几何学》发表之前，他已经发现了研究曲线问题的代数方法，这种方法实质上是坐标方法．他明确指出了从方程可以得到相应的曲线．1629年，费马在他的著作《平面和立体的轨迹引论》（1679年出版）中，已把他的坐标方法应用于古希腊数学家阿波罗尼曾经专门研究过的圆锥曲线，把有关的结果翻译成代数形式，并得到了相当于现代形式的圆锥曲线的方程．他还借助于方程定义了许多新的曲线，其中某些曲线的名称至今仍被人们沿用．

笛卡儿和费马创立解析几何，在数学史上具有划时代的意义．恩格斯指出：

“数学中的转折点是笛卡儿的变数，有了变数，运动进入了数学；有了变数，辩证法进入了数学；有了变数，微分和积分也就立刻成为必要的了.”解析几何提供了坐标法这种解决问题的一般方法. 解析几何产生之前，几何问题的解决往往要借助于特殊的技巧和方法. 有了坐标系，几何问题的解决可转化成坐标的代数运算，其方法具有一般性. 解析几何沟通了数学内数与形、代数与几何等最基本对象之间的联系，几何的概念得以用代数方式表示，几何的目标得以用代数方法达到，反过来，代数语言可得到几何解释而变得直观、易懂. 从此，代数与几何这两门学科互相吸取营养而得到迅速发展，并结合产生出许多新的学科，近代数学便很快发展起来了.